200
100
300

A-701
A-702
A-703

100

9

A-701
A-702
A-703

Sepp Moser

Flieg weiter, Ju-52!

Die erstaunliche Geschichte eines Flugzeugveteranen

Beobachter
BUCH
Orell Füssli

Seite 1

Die Ju-52 ist beileibe kein schnelles Flugzeug; ein kräftiger Gegenwind genügt, und die Schnellzüge fahren ihr davon. Wer das Flugzeug vom Boden aus betrachtet, hat oft den Eindruck, es stehe beinahe still.

Seiten 2/3

Ein Bild, das fast keine Worte braucht: eine schweizerische Ju-52 vor dem «Berg der Berge», dem Matterhorn.

Seite 4

Stimmungsbild von unterwegs: unmittelbar hinter der Motorhaube der Ölmeßstab, dahinter, schwarz bemalt, der Stutzen, in welchem die Benzinuhr für den rechten Flügeltank untergebracht ist. Beide Anzeigen fehlen im Cockpit; wenn sich die Piloten über die Benzinreserve orientieren wollen, müssen sie aus dem Fenster schauen!

Seite 5

Seit mehr als 40 Jahren ist die hölzerne, ungeheizte, aber stimmungsvolle Halle 9 des Militärflugplatzes Dübendorf bei Zürich die Heimat der drei schweizerischen Ju-52: ein Hangar, der zu diesem Flugzeug paßt…

Seiten 6/7

Am Boden sieht die Ju-52 schwerfällig aus, behäbig, fast schon lethargisch. Aber auch selbstsicher, ruhig, eindrücklich. So ist dieses Bild nicht einfach eine weitere Aufnahme der Ju-52, sondern gleichsam eine Charakterstudie.

Seite 8

Idyllisch ziehen die drei Ju-52 in enger Formation über die Schweizer Landschaft. Bilder wie dieses sind selten; während ihrer militärischen «Dienstzeit» waren die Flugzeuge meist allein, allenfalls zu zweit unterwegs. Erst Ende 1981, kurz vor der militärischen Ausmusterung der Ju-52, wurde grünes Licht für einige fotogene Dreierflüge gegeben.

Gestaltung: Heinz von Arx
Druck: Chemigraphisches Institut AG, Glattbrugg
ISBN 3 855 69008 1 (Beobachter-Buchverlag)
ISBN 3 280 01393 3 (Orell Füssli Verlag)

Inhalt

13 Zum Geleit

15 Der große Wurf der «Wellblech-Konstrukteure»

25 «Unser liebstes Kind» Die Ju-52 bei der Schweizer Flugwaffe

45 Lastesel im Zweiten Weltkrieg

55 «BROT!», «HEU!» Die Ju-52 als Rettungsengel

67 «Am Schwanz so schnell wie der Vampire vorne» Die Ju-52 als technisches Phänomen

91 Die großen Auftritte einer Filmdiva

101 «Flieg weiter, Ju-52!» Ein Nachwort

Zum Geleit

Im Herbst 1981 sah ich mich verpflichtet, die drei Junkers Ju-52 der Fliegertruppe außer Dienst zu setzen. Diese «alten Tanten» hatten seit der Einführung im Jahr 1939 mehr als 10 000 Flugstunden hinter sich gebracht und auch die ältesten jemals darauf eingesetzten Piloten um Jahre überlebt. Eine betriebliche Analyse hatte ergeben, daß der Aufwand für die 42jährigen Maschinen nicht mehr in einem verantwortbaren Verhältnis zum militärischen Nutzen stand. Im Friedensdienst stehen uns heute andere Transportmittel zur Verfügung, und im Krieg von morgen wären diese großen, langsamen und nur für den Einsatz bei Tag verwendbaren Flugzeuge kaum mehr als ideale Zielscheiben für feindliche Jäger und Flab. Im engen Korsett unseres Betriebsbudgets war für Nostalgieflugzeuge kein Platz reserviert.
Viele Gründe trugen dazu bei, daß ich nicht leichten Herzens meine Unterschrift unter das militärische «Aus» für die Ju-52 setzte. Zu viele eigene Erinnerungen sind mit den «Wellblech-Kisten» und mit all den Kameraden verbunden, die als Besatzungen oder Passagiere im Verlauf der Jahrzehnte damit flogen. Man verspürt auch eine gewisse Dankbarkeit für die Tausende von Passagieren und Tonnen von Gütern, die mit der Ju-52 unfallfrei an

ihren Bestimmungsort gebracht wurden. Groß ist auch der Goodwill, der für die Fliegertruppe in zahlreichen humanitären Einsätzen geschaffen werden konnte. Man denke nur an den Lawinenwinter 1951, in dem abgeschnittene Täler während Wochen mit Verpflegung und Post versorgt wurden. Es konnte nicht ausbleiben, daß die Nostalgiewelle auch unsere «fliegenden Großmütter» erfaßte und im In- und Ausland Fans der Ju-52 in Bewegung setzte. Auch innerhalb des Bundesamtes für Militärflugplätze hatte die Ju-52 ihre Anhänger, die den Ruf von aussen begeistert aufnahmen und den Antrag stellten, die geschichtsträchtigen Flugzeuge unter allen Umständen für den Flugbetrieb zu erhalten.
Da die Flugzeuge durchaus noch flugtüchtig waren, meldete auch das Bundesamt für Zivilluftfahrt keine schwerwiegenden Bedenken gegen die Fortsetzung des Flugdienstes an. Nachdem sich verdienstvoll auch noch eine vertrauenswürdige Trägerschaft zum Betrieb der Flugzeuge bereit fand, stand der zivilen «Wiedergeburt» der Oldtimer nichts mehr im Wege.
Ich hoffe, möglichst viele Anhänger der Ju-52 mögen in den kommenden Jahren in den Genuß des Nostalgiefliegens kommen. Ich wünsche den Besatzungen, den Passagieren und nicht zuletzt den drei «alten Tanten» viele frohe Flugerlebnisse und

«many happy landings»

Kommandant Flieger- und
Fliegerabwehrtruppen

A. Moll

Korpskommandant A. Moll

Der grosse Wurf der «Wellblech-Konstrukteure»

Dessau, eine Stadt ungefähr auf halbem Wege zwischen Berlin und Leipzig, im Jahre 1926. In den Konstruktionsbüros der Junkers-Flugzeugwerke kamen endlose Diskussionen nicht zur Ruhe. Ihr Thema: ein neues Flugzeug, das den großen Namen «Junkers» in die Zukunft tragen sollte. Es ging um einen wichtigen Entscheid, denn für die Firma stand tatsächlich ein großer Ruf auf dem Spiel. Das vom Flugzeugkonstrukteur Hugo Junkers gegründete und bis 1934 (das heißt bis kurz vor seinem Tod) auch geleitete Unternehmen war zuvor schon verschiedentlich mit epochalen Konstruktionen hervorgetreten. Ab 1915 hatte das erste Ganzmetallflugzeug der Welt seinen Namen getragen, und auch im Bereiche des Motorenbaus war er allenthalben ein Begriff.

Nun ging es darum, den richtigen Einstieg in das damals neue Gebiet der «grossen» Transport- bzw. Verkehrsflugzeuge zu finden. Technisch waren Maschinen mit einer Transportkapazität in der Größenordnung von zwei Tonnen schon seit einigen Jahren kein Problem mehr.

Allein, vor wenigen Jahren erst hatte Deutschland den Weltkrieg (den ersten aus späterer Sicht) verloren. Als Teil der Waffenstillstandsvereinbarung hatte es von den siegreichen Alliierten unter anderem rigorose Einschränkungen in Sachen Luftfahrt akzeptieren müssen: keine Luftwaffe sowie Beschränkung der Flugzeugfabrikation auf kleine Maschinen. So konnte Junkers zwar seit Jahren die populäre F.13 mit fünf Passagierplätzen bauen, aber (vorerst) nichts Größeres.

Anfang 1926 wurden diese Auflagen nun insofern gelockert, als fortan für den zivilen Gebrauch auch größere Flugzeuge erlaubt waren. Also eine Chance, die man sich bei Junkers unter keinen Umständen entgehen lassen wollte.

Es gab auch schon konkrete Vorstellungen darüber, wie ein solches «Großflugzeug» aussehen sollte. Ein gewisser Gotthard Sachsenberg zum Beispiel tendierte zu einem einmotorigen Frachtflugzeug von betont einfacher und robuster Konstruktion für eine Nutzlast von rund zwei Tonnen. Sachsenberg war zuvor der Leiter der Fluggesellschaft «Junkers-Luftverkehr» gewesen, die in Zusammenarbeit mit den Junkers-Flugzeugwerken gegründet und betrieben, dann aber von der Deutschen Lufthansa übernommen worden war. In dieser Eigenschaft hatte er damals einen Bericht verfaßt, der interessante Einsatzmöglichkeiten für ein solches Flugzeug voraussah – und diesen Traum von früher wollte er nun verwirklichen.

Anderer Ansicht innerhalb der Junkers-Führungsgremien war die sogenannte «Verkehrsflieger-Fraktion»: Diese Gruppe beharrte auf einem dreimotorigen Flugzeug für den Passagierkomfort – dreimotorig aus Gründen der Sicherheit.

Der Streit wogte hin und her und schien sich keinem Ende zu nähern – bis Hugo Junkers und sein Chefkonstrukteur Ernst Zindel das Dilemma mit einem salomonischen Urteil aus der Welt schafften: Es sollte zwar *vorerst* ein einmotoriges Flugzeug für den Frachtverkehr gebaut werden; eines aber, das von Anfang an so ausgelegt war, daß es später ohne großen Aufwand zum dreimotorigen Passagierflugzeug weiterentwickelt werden konnte. Damit war der Friede wiederhergestellt, die Ju-52 gewissermaßen gezeugt.

Vorbild des neuen «Großflugzeuges» war, technisch gesehen, die bewährte und zu jenem Zeitpunkt (1926) immer noch fabrizierte Junkers F.13, bei ihrem Jungfernflug Anno 1919 das erste Ganzmetallflugzeug der Welt und bis zur Einstellung der Serienproduktion im Jahre 1932 auch das erfolgreichste (insgesamt wurden mehr als 300 F.13 gebaut, von denen einige auch in der Schweiz flogen). Wie die F.13, so wurde auch die Ju-52 als sogenannter freitragender Tiefdecker konzipiert, das heißt als Flugzeug mit tief am Rumpf angebrachten Flügeln ohne Verstrebungen. Und wie für die F.13 wählten die Konstrukteure auch für die Ju-52 die charakteristische Wellblechbeplankung.

Dreimotorige Sicherheit – in den dreißiger Jahren eines der wichtigsten Argumente für die Verwendung der Ju-52 als Passagierflugzeug. Hier eine Maschine der Deutschen Lufthansa über den Alpen.

Hugo Junkers

* 3. Februar 1859, † 3. Februar 1935. Vielseitig talentierter Wissenschaftler und Techniker. Ursprünglich Thermodynamiker und Gründer einer Firma für Gasheizungen. Wurde bekannt durch Forschungen und Entwicklungen in den Bereichen Dieselantriebe und freitragende Ganzmetallflugzeuge. War von streng liberaler Gesinnung und entschiedener Gegner der Nationalsozialisten. Wurde 1934 als «politisch unzuverlässig» kaltgestellt und starb wenig später. Bis zu seinem Rückzug fabrizierten die Junkers-Flugzeugwerke nur zivile Flugzeuge. Militärische Modelle wie die Ju-87 («Stuka») und die Ju-88 wurden erst nach seinem Ausscheiden aus der Firma konstruiert und stehen in keiner Beziehung zur Person von Hugo Junkers.

In den dreißiger Jahren war die Ju-52 das Flaggschiff der Deutschen Lufthansa. Dieses Flugzeug mit dem Namen «Immelmann» war eine der ersten von der Lufthansa eingesetzten Ju-52.

Dieses Wellblech wurde wohl schon damals nicht als ein ästhetischer Genuß empfunden; aber konstruktiv hat es entschiedene Vorzüge.
Erstens ist es in der Richtung der Wellen stabiler als glattes Blech. Resultat: Einige innere Verstrebungen können eingespart werden, das Flugzeug wird leichter. Zweitens weist Wellblech eine größere Oberfläche auf als glattes Blech; es wird also von mehr Luftmolekülen bestrichen und «vergrößert» deshalb, aerodynamisch betrachtet, die wirksame Flügeloberfläche. Anders gesagt: Der Flügel ist wirksamer, als er es bei seinen Ausmaßen eigentlich sein müßte.

Nicht nur bei der Wahl der Beplankung nahmen die Junkers-Ingenieure keine Rücksicht auf ästhetische Überlegungen: Die Ju-52 ist auch sonst ein Ausbund an Häßlichkeit – und gleichzeitig ein Musterbeispiel für Zweckmäßigkeit, gewissermaßen ein «Deux-Chevaux» der Lüfte ...
Riesige Landeklappen, die sich über die halbe Flügelspannweite erstrekken, sowie ein unförmiges Fahrwerk erlauben Starts und Landungen auf holprigen Graspisten; der kastenförmige Rumpf mit einer Anzahl von Beladungsöffnungen ermöglicht rationellen Frachtumschlag; und ebensowenige Kompromisse wurden bezüglich Wartungsfreundlichkeit eingegangen. So ist jeder Flügel mit ganzen acht Schrauben am Rumpf befestigt, und für den Transport des Flugzeuges mit der Eisenbahn oder per Schiff läßt sich der hintere Teil des Rumpfes mitsamt dem Leitwerk kurzerhand abschrauben.
Am 13. Oktober 1930 war es dann endlich soweit: Die einmotorige Junkers Ju-52 startete zum Jungfernflug.

Szene auf dem Rollfeld des Berliner Flughafens in den dreißiger Jahren, mit einer Ju-52 der Lufthansa im Vordergrund; eine Idylle im Vergleich mit der Hektik, die heute auf den großen Flughäfen herrscht...

Der Erfolg wollte sich jedoch nicht sogleich einstellen, und im ganzen wurden nur fünf Maschinen dieser einmotorigen Frachterversion hergestellt. Chefkonstrukteur Zindel entschloß sich deshalb schon bald, auch die vorgesehene dreimotorige Ausführung zu verwirklichen.
Technisch war die Modifikation, wie bereits gesagt, kein Problem, und so startete die dreimotorige Ju-52 denn bereits im April 1932 zu ihrem ersten Flug.
Hier ist ein kleiner Exkurs nötig, um möglichen Mißverständnissen vorzubeugen. Genaugenommen war die Ju-52 mit drei Motoren keine Ju-52 mehr, sondern eine Ju-52/3m. Oder, noch genauer: eine Ju-52/3mg3e, eine Ju-52/3mg4e oder eine andere von mehreren Versionen, die nun in den folgenden Jahren gebaut wurden. Wir werden aber in diesem Buch, der Einfachheit zuliebe, die abgekürzte Bezeichnung Ju-52 auch fü die dreimotorigen Varianten verwenden. In der Tat waren von den fast 5000 Ju-52, die im ganzen jemals flogen, alle bis auf die ersten fünf von der dreimotorigen Version.
Mit dem Jungfernflug der dreimotorigen Ju-52 war zwar der Grundstein für eine bemerkenswerte Erfolgsstory gelegt, doch bis sich der Erfolg auch tatsächlich einzustellen begann, sollte noch einige Zeit verstreichen.
Zunächst stieß das neue Flugzeug in der Fachwelt nämlich auf bemerkenswert wenig Beachtung, und zwar interessanterweise speziell in seiner deutschen Heimat. Zwar kam die erste Bestellung bereits Anno 1932; aber der Kunde war nicht die Lufthansa, sondern ... die bolivianische Fluggesellschaft «Lloyd Aereo Boliviano». Sie orderte zunächst zwei

Eine Ju-52 der Deutschen Lufthansa wird auf einen Einsatz vorbereitet.

Maschinen und später weitere fünf. Im fliegerisch schwierigen Hochland des Andenstaates und insbesondere im Krieg gegen Paraguay um das Urwaldgebiet des Gran Chaco (1932 bis 1935) bewährten sie sich aber dermaßen vorzüglich, daß die Kunde von der Qualität der Ju-52 doch noch bis nach Deutschland drang. Noch im selben Jahre 1932 begann denn auch die Lufthansa vorsichtig an den neuen Flugzeugtyp zu glauben und setzte vorerst zwei Einheiten ein.
Doch es sollte nicht lange dabei bleiben. Zunächst nur auf den beiden Prestige-Strecken von Berlin nach Rom und London zu sehen, wurde die Ju-52 alsbald zum Standardflugzeug der Lufthansa. Im Laufe der Jahre trugen insgesamt 231 Junkers Ju-52 den Lufthansa-Kranich am Bug, und bei Ausbruch des Zweiten Weltkrieges bestand die Flotte dieser Fluggesellschaft sogar zu 85 Prozent aus Flugzeugen dieses Typs. Vor allem die Dreimotorigkeit bewährte sich: Nach Angaben der Lufthansa ging durch sie die Anzahl der Notlandungen von durchschnittlich sieben pro Million geflogener Kilometer auf anderthalb zurück...
Erfolg steckt an, und so folgten der Lufthansa bald weitere Kunden. Einer der ausgefalleneren war der rumänische Prinz Bibesco, der sich eine Ju-52 mit Luxuskabine als Privatflugzeug beschaffte, um damit in Afrika der Großwildjagd zu frönen... Aber auch gewichtigere Namen finden sich auf der Junkers-Referenzliste aus jenen Jahren: Fluggesellschaften aus 29 Ländern, von Argentinien bis Australien, von Norwegen bis Südafrika, von Uruguay bis China.
Zahlreiche Ju-52 waren Spezialversionen, etwa jene mit Schwimmern anstelle der Räder, die hauptsächlich in Schweden und in Finnland gefragt waren. Andere waren Repräsenta-

D-2468
D-246

tionsobjekte, so vor allem das Flugzeug mit dem Kennzeichen D-2600, das Adolf Hitler als persönliche Maschine diente, oder jenes mit dem Kennzeichen D-ALYL, welches Anno 1936 die Olympische Flamme von Griechenland nach Berlin flog.
Nicht alle Ju-52 brachten es zu solcher Berühmtheit; aber allen gemeinsam war die Zuverlässigkeit und Robustheit, die sich bei allen möglichen Un- und Zwischenfällen immer wieder bestätigte.
Das sah man schon 1932, beim ersten öffentlichen Auftritt der dreimotorigen Ju-52 im Ausland. An einem Flugmeeting in Zürich war die Ju-52 in einem Wettbewerb der «Schwerarbeiter» gegen die viermotorige Dornier DoK3 und die dreimotorige Fokker F.VII angetreten. Mit einer transportierten Last von 3274 Kilogramm siegte sie mühelos. Dann aber, auf dem Rückflug nach Deutschland, geschah es: Das Flugzeug kollidierte frontal mit einem entgegenkommenden Schulflugzeug. Der linke Motor brach heraus und hing nur noch an den zur Sicherung eingebauten Fangseilen – aber die Ju-52 flog unverdrossen weiter und konnte von ihrem Piloten sicher in einem Kornfeld notgelandet werden.
Ein anderes Mal stieß das Lufthansa-Linienflugzeug D-ANAZ mit einem Schulflugzeug des Typs Arado AR66 zusammen. Ein Viertel des einen Flügels wurde dabei weggerissen – doch der Linienflug endete planmäßig in Hamburg, als wäre nichts geschehen.
In Brasilien rammte eine mit Schwimmern versehene Ju-52 beim Landeanflug die Hafenmole von Bahia. Der rechte Schwimmer mitsamt dem Ölkühler wurde abgerissen, und der rechte Motor fiel aus. Resultat: Das Flugzeug wasserte einfach auf einem einzigen Schwimmer und ohne weiteren Schaden.
Auch im Krieg bewährte sich die Robustheit dieses Flugzeuges in den scheinbar hoffnungslosesten Situationen. Anfang 1941 setzten auf einem Feldflugplatz in Polen eine Ju-52 und ein Jagdflugzeug Messerschmitt Me-109 gleichzeitig zur Landung auf derselben Piste an, ohne einander zu sehen. Es kam, wie es kommen mußte: Es krachte, und die Me-109 saß auf dem Rücken der Ju. Aber sonst passierte nichts: Die beiden Flugzeuge landeten «huckepack»...
Bisweilen war es auch fliegerischer Übermut, der das tapfere Flugzeug auf die Probe stellte. So einmal, ebenfalls während des Krieges, als drei «tapfere» Werkflieger eine frisch revidierte Ju-52 partout wie einen Sturzkampfbomber fliegen wollten. Sie setzten also zum Sturzflug an, kriegten das schwere Gefährt knapp über dem Boden wieder in den Griff – und landeten mit kräftig nach oben geknickten Flügeln.
Ein Flugzeug, das man fast nicht umbringen kann, ist natürlich das geeignete Gefährt für waghalsige Erkundungsflüge. So erstaunt es nicht, daß die Ju-52 auch diesbezüglich beste Referenzen vorweisen kann.
Im Hinblick auf eine geplante Linienflugverbindung zwischen Deutschland und China unternahm die Lufthansa ab 1934 mehrere Erkundungs- und Erprobungsflüge nach dem Fernen Osten. Eine dieser Expeditionen ist besonders erwähnenswert: Im August 1937 flog eine mit speziellen Zusatztanks und im Fluge verstellbaren Propellern ausgerüstete Ju-52 mit Lufthansa-Direktor von Gablenz als Flugkapitän nach China. Afghanistan wurde ohne größere Probleme erreicht, später mit etwelcher Mühe (ein Verstellpropeller war ausgefallen) auch das fast 4000 Meter hohe Pamir-Hochland überflogen und Hsü-chow in China erreicht. Doch beim Rückflug Richtung Afghanistan geschah das Malheur: Eine Triebwerkpanne zwang zu einer Notlandung in einer gottverlassenen Karawanenstadt. Und dummerweise waren die kühnen Flieger ausgerechnet in einer Gegend niedergegangen, in welcher ein Volksaufstand im Gange war. So wurde die Besatzung der Ju-52 von Rebellen vier Wochen lang gefangengehalten. In Deutschland brach zwar unverzüglich eine zweite Ju-52 zu einer Suchaktion auf; allein, sie kam nicht zum Ziel, da das Suchflugzeug eine andere Strecke flog als die Pechvögel zuvor eingeschlagen hatten... Indes: Der gestrandeten Besatzung gelang es dann, die Maschine wieder flugklar zu machen, und so kam es doch noch zum Happy-End.
Die Ju-52 bewährte sich in den «unmöglichsten» Einsätzen dermaßen vorzüglich, daß rasch auch die Militärs auf den Geschmack kamen. Zwar durfte Deutschland in den frühen dreißiger Jahren gemäß den Waffenstillstandsvereinbarungen im Gefolge des Ersten Weltkrieges keine Flugwaffe unterhalten. Nach dem Machtantritt Hitlers im Jahre 1933 hielt man sich jedoch nur noch formell an diese Bestimmung. Zunächst wurden gewisse von der Lufthansa auf Auslandflügen eingesetzte Ju-52 mit Fotokameras versehen, mit denen eine milde Art von Spionage betrieben wurde. Ab 1934 schließlich wuchs die Maschine – immer noch heimlich, da verbotenerweise – langsam in die Rolle eines «Behelfsbombers» hinein. Damit begann die militärische Karriere dieses bemerkenswerten Flugzeuges. Doch von ihr soll in einem späteren Kapitel die Rede sein.

Absturz bei Erfurt

Am 1. November 1936, um die Mittagszeit, flog Josef Mayr an Bord der D-APOO, einer Ju-52 der Deutschen Lufthansa, von Frankfurt über Erfurt nach Berlin. Das Flugzeug war im Begriff, zur Zwischenlandung in Erfurt anzusetzen. Das Wetter sah nicht schlecht aus: eine Wolkendecke mit einer Untergrenze etwa 400 Meter über dem Boden. Mayr, als Flugsicherungsexperte durchaus beschlagen in fliegerischen Dingen, sah keine Probleme für die Zwischenlandung. Doch statt zu landen, zog das Flugzeug plötzlich hoch und stieg in einer Steilkurve in die Höhe. Mayr erinnert sich: «Das war sehr, sehr ungewöhnlich!» Kurze Zeit später flog die Maschine wieder in den Wolken.

Und dann ging plötzlich alles sehr schnell. Mayr heute: «Ich hörte ein Kratzen unten am Rumpf, sah im gleichen Augenblick Baumwipfel neben dem Fenster, verspürte einen Schlag auf die Brust und wurde ohnmächtig. Als ich wieder zu mir kam, lag ich in einem Wald.»

Mayrs Ju-52 war abgestürzt, hundert Meter unterhalb der Krete eines Hügels im Thüringer Wald. Dabei wurde der rechte Flügel abgerissen, das Flugzeug geriet teilweise in Brand, und zahlreiche Insassen kamen ums Leben. Mayr hatte gewaltiges Glück: Er flog – niemand weiß, auf welche Weise – durch ein Kabinenfenster und trug einzig ein paar harmlose Schrammen davon.

Was war passiert? – Mayr: «Wie so oft, wenn in der Fliegerei etwas schiefgeht: eine kaum glaubhafte Verkettung unglücklicher Umstände.» Im einzelnen: Mayrs Kollege in der Erfurter Flugsicherungszentrale hatte die Position der Lufthansa-Maschine um 180 Grad verkehrt gepeilt. Er war deshalb der Meinung, es sei das Lufthansa-Flugzeug, das er in den Wolken unmittelbar über dem Flugplatz hörte, aber nicht sah. In Tat und Wahrheit war es jedoch eine Ju-52 der Luftwaffe, die von einem nahen Stützpunkt gestartet war, ohne sich anzumelden.

Unglückseligerweise landete in Erfurt ausgerechnet in diesem Moment ein Flugzeug mit einem hochwichtigen Staatsgast an Bord, nämlich der Schwester des italienischen Außenministers. Der Erfurter Flugsicherungsmann wies deshalb die – nach seiner Meinung unmittelbar zur Landung ansetzende – Lufthansa-Maschine an, durchzustarten und dem anderen Flugzeug den Vortritt zu lassen. Was diese auch tat (mit der unerklärlichen Steilkurve), nur eben nicht *über* dem Flugplatz, sondern weit davon entfernt. Als der Flugleiter dann den Lufthansa-Flug mit Kursangaben erneut zur Landung einweisen wollte, ging er immer noch von der falschen Positionsannahme aus – und lenkte das Flugzeug in den bewaldeten Hügel statt auf die Piste.

Mayr ließ sich durch den Unfall nicht von seiner Flugbegeisterung abbringen: «Ich nahm dann einfach das nächste Flugzeug nach Hause.» Und nach dem Krieg lernte er so rasch wie möglich fliegen . . .

Eigentlich erhielt die A-702 ihr martialisches Farbenkleid als «Make-up» für einen Kriegsfilm. Der Einfachheit halber behielt sie es aber auch für ihre harmlosen Einsätze im Auftrag der Schweizer Flugwaffe...

«Unser liebstes Kind»: Die Ju-52 bei der Schweizer Flugwaffe

Wenden wir uns zunächst der Karriere der Ju-52 im Kleid der schweizerischen Flugwaffe zu. Es ist eine überraschende Laufbahn: friedlich, gemächlich, ja geradezu gemütlich – jedenfalls alles andere als das, was man gemeinhin unter dem militärischen Einsatz eines Flugzeuges versteht.

Bestellt wurden die drei schweizerischen Ju-52 Anfang 1939, vor dem Ausbruch des Zweiten Weltkrieges. Sie waren hauptsächlich für zwei Aufgabenbereiche vorgesehen: für die Ausbildung von Beobachtern (als sogenannte «fliegende Theoriesäle», wir werden darauf zurückkommen) sowie für allgemeine Transportaufgaben. Die Übernahme war für die letzten Septembertage 1939 vorgesehen.

Inzwischen entfesselte Deutschland aber den Zweiten Weltkrieg. Es erstaunt deshalb nicht, dass bei der Übernahme der drei Flugzeuge einiges nicht ganz nach Plan verlief.

Es begann damit, dass die für die Abnahmeprüfungen nach Deutschland gereiste Schweizer Delegation am 29. September 1939 in Dessau nur zwei der drei bestellten Flugzeuge vorfand, nämlich die A-701 und die A-702; die dritte Maschine befand sich im Junkers-Zweigwerk Bernburg und war statt mit provisorischen deutschen Kennzeichen (die nur für den Überflug gedacht waren und deshalb aus wasserlöslicher Farbe bestanden) mit definitiven versehen. Dann waren die Flugzeuge – zumindest die beiden, die in Dessau standen und von der Schweizer Delegation geprüft werden konnten – auch noch schwerer, als im Vertrag vorgesehen: statt 6455 kg wog die A-701 6540 kg, die A-702 gar 6550 kg. Und nicht genug damit: Statt wie vorgesehen 280 km/h erreichten die Maschinen nur eine Höchstgeschwindigkeit von 256 km/h.

Angesichts der kritischen Lage – Deutschland befand sich ja im Krieg, und man mußte froh sein, die Flugzeuge überhaupt noch in die Schweiz ausfliegen zu dürfen – gab die von schweizerischer Seite federführende KTA (Kriegstechnische Abteilung, die Vorgängerin der Gruppe für Rüstungsdienste des Schweizerischen Militärdepartements) dennoch den Befehl, die Vögel zu akzeptieren und in die Schweiz zu bringen.

Der Start der drei Ju-52 – die A-703 war inzwischen ebenfalls nach Dessau gebracht worden – erfolgte am 5. Oktober 1939 um 10 Uhr. Die Flugzeuge A-701 und A-703 wurden von deutschen Piloten geführt, die A-702 vom Schweizer Oberleutnant Borner. In Dübendorf wartete alles gespannt auf die neuen «Großtransporter» – doch an ihrer Stelle traf am Nachmittag ein Telegramm ein: «Landung Nürnberg Schlechtwetter Weiterflug Freitag morgen Borner.»

Tatsächlich ging es dann erst am Samstag weiter: über Friedrichshafen, wo die deutschen Kennzeichen abgewaschen und die schweizerischen angebracht wurden, nach Dübendorf. Freilich nur für zwei der drei Flugzeuge: der «Nachzügler» A-703 traf erst zwei Tage später in der Schweiz ein.

Am 10. Oktober 1939 war es dann aber doch so weit, daß die damalige KTA alle drei Flugzeuge formell in Besitz nehmen konnte.

Stationiert wurden die Vögel auf dem Flugplatz Dübendorf bei Zürich, der damals noch von der Swissair mitbenützt wurde. Doch da gab es schon erste Probleme. Es zeigte sich nämlich, daß die für die Unterbringung der Ju-52 vorgesehene Flugzeughalle 2 um eine Kleinigkeit – etwa zehn Zentimeter – zu wenig hoch war. So mußten die Mannschaften zum Ein- und Aushangarieren jedesmal ein wenig Luft aus den Pneus ablassen, um die Flugzeuge versorgen oder flugklar machen zu können. Eine Umquartierung drängte sich deshalb auf. Zunächst kamen die Vögel in die größere Halle 10, noch später in die Halle 9, die vordem als Hangar der von der Swissair übernommenen Fluggesellschaft Ad Astra gedient hatte. Diese Halle 9 blieb bis zuletzt die Heimstatt der unverwüstlichen «Tanten», und hier erhielten sie schließlich auch im Laufe des Sommers 1982 den nötigen Schliff für den zivilen Einsatz.

Im Laufe der Zeit erfuhr die Bemalung der Ju-52 verschiedene Änderungen. Bei Ablieferung waren die Flugzeuge grün (oberes Bild). Während des Krieges wurden sie durch auffällige, rot-weiße Streifen als Flugzeuge der neutralen Schweiz gekennzeichnet (Mitte). Nach Kriegsende schließlich erhielten die Maschinen einen silbernen Anstrich (unten). Auch das Kennzeichen änderte sich mehrmals. Im Zusammenhang mit verschiedenen Auslandflügen wurden die Flugzeuge jeweils zivil (HB-...) statt militärisch (A-...) immatrikuliert.

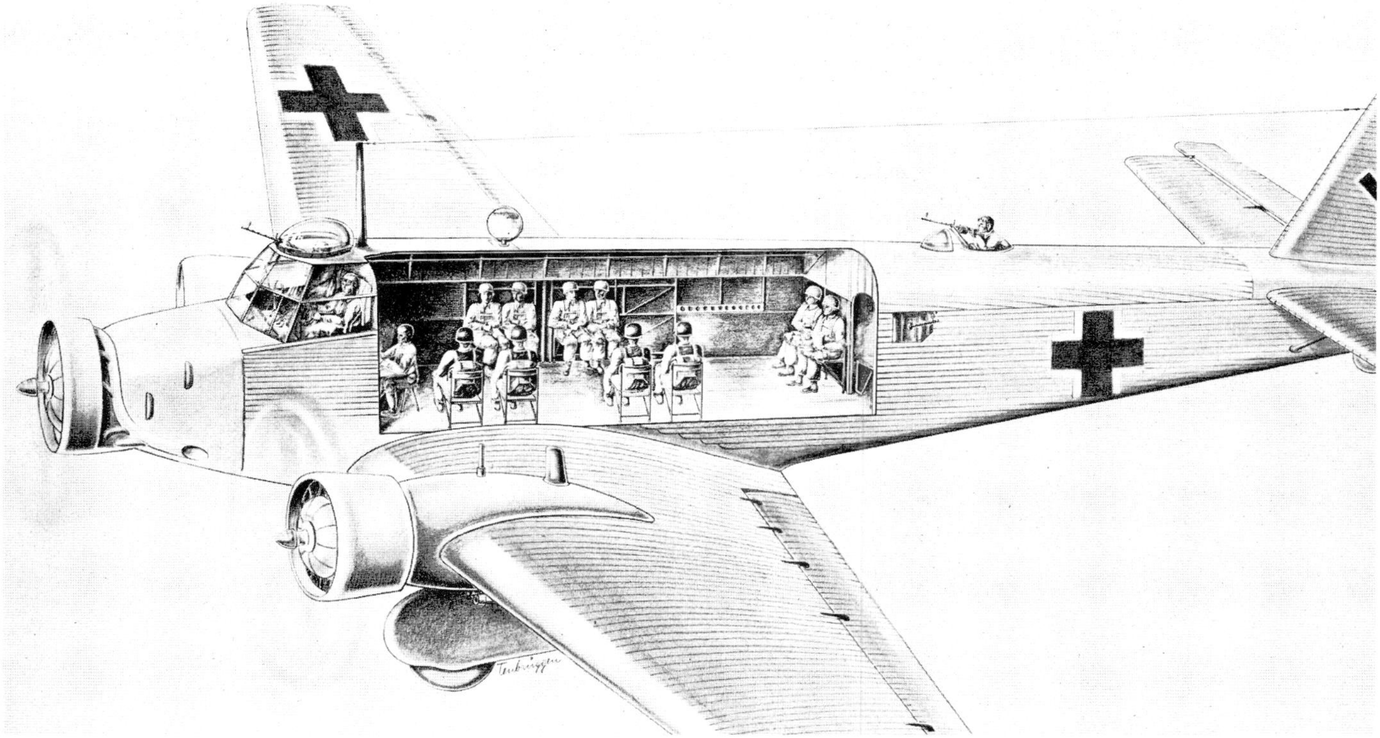

Oben: Nach den Vorstellungen der Junkers-Flugzeugwerke konnte die Ju-52 auf verschiedene Arten bewaffnet werden. Hier eine Version mit zwei Maschinengewehren im Rumpfdach. – Unten: Groß-Serienbau der Ju-52 bei Junkers in Dessau.

Friedlich «tuckert» eine Ju-52 über den Rapperswiler Damm am Zürichsee. Im Hintergrund rechts liegt Rapperswil. Wer die Bebauung der Halbinsel von Hurden (am unteren Bildrand) und des rechten Zürichseeufers (hinter dem Flugzeug) mit einer heutigen Landkarte vergleicht, kann leicht abschätzen, daß das Bild aus der Zeit des Zweiten Weltkriegs stammen muß.

A-703

«Nichts für Bauernbuben . . .»

Gottlieb («Godi») Amsler war bis zu seiner Pensionierung einer der ganz «angefressenen» Ju-52-Piloten. Im ganzen hat er die alten Tanten während rund 800 Stunden pilotiert.
Aber wenig hätte gefehlt, und Amsler wäre überhaupt nie zum Fliegen gekommen. «Bei der Aushebung wollten sie mich zur Artillerie schicken; ein Bauernsohn, so hieß es damals noch, habe nichts bei den Fliegern zu suchen.»
Doch der angehende Rekrut blieb hartnäckig und vermochte den Aushebungsoffizier schließlich umzubiegen. «‹Also gehen Sie halt Flugzeuge abstauben!›, erklärte er, als er mir den gewünschten Stempel ins Dienstbüchlein drückte.» Doch aus dem Abstauben wurde nichts: Amsler wurde Militär-Berufspilot und der zweite Pilot, der die damals brandneue Ju-52 fliegen durfte.
Was er sonst getan hätte? «Das kann ich Ihnen genau sagen: Ich wäre ausgewandert, nach Kanada oder nach Alaska.»

Häufiger Ju-52-Passagier während des Zweiten Weltkriegs war General Henri Guisan, der Oberkommandierende der Schweizer Armee.

Doch Flugzeuge sind nicht dazu da, ihr Leben in Hangars zu verbringen. Angesichts des sich rasch ausweitenden Weltkrieges hatten auch die schweizerischen Ju-52 unverzüglich militärische Aufgaben zu erfüllen.

Da waren zuvorderst die Einsätze als «fliegende Theoriesäle» im Rahmen der Ausbildung von Beobachtern. Im Funkerraum, unmittelbar hinter dem Cockpit, sassen die Soldaten an ihren aus heutiger Sicht unförmigen, unhandlichen und überhaupt vorsintflutlichen Kompassen und Morseapparaten. Ihre Aufgabe war je nach Einsatz verschieden: Einmal hatten sie dem Piloten aufgrund der Angaben ihres Kompasses einen bestimmten Kurs anzugeben und diesen zu überwachen (eine primitive Art von Blindflug gewissermaßen), ein andermal bestand ihre Aufgabe darin, Beobachtungen über Vorgänge am Boden unverzüglich im Morsealphabet an die Bodenleitstelle zu übermitteln. Letzteres war damals die einzig realistische Art der Radioverbindung; der Sprechfunk, wie er heute gang und gäbe ist, kam erst im Laufe des Krieges auf.

Weitere Einsätze der Ju-52 galten der Grenzüberwachung (mit hohen Militärs an Bord) sowie der Geografie-Ausbildung angehender Militärflieger und (teilweise) Fliegerabwehr-Mannschaften. Wer selber schon die Schweizer Landschaft aus der Luft betrachtet hat, weiß, wie die Vogelschau sämtliche Perspektiven verändert. Es war deshalb lange Zeit Tradition, künftige Piloten ihr Land einmal in Ruhe von oben betrachten zu lassen – nicht zuletzt, damit sie sich ohne Streß seine Grenzen einprägen konnten.

Schließlich ermöglichten es die Ju-52 der schweizerischen Infanterie, auf realistische Art und Weise den Kampf gegen feindliche Fallschirmjäger zu üben, mit deren Einsatz ja angesichts der immer akuter werdenden Kriegsgefahr gerechnet werden mußte. Dabei flogen alle drei Ju-52 als «Feindflugzeuge» in enger Formation über das Übungsgebiet und warfen in großer Zahl Sandsäcke ab, die an Fallschirmen befestigt waren. Auf der Erde unten konnten die Infanteristen die herniederschwebenden «Feinde» einkreisen und (wie immer im Manöver) vernichtend schlagen...

Bei diesen Flügen konnten es sich die Piloten oftmals nicht verkneifen, die gute Ju-52 bis an den Rand ihrer Möglichkeiten «auszufliegen» – und manchmal auch ein wenig darüber hinaus. Ein Müsterchen: Nach einem solchen «Fallschirmflug» setzte eine Ju-52 zur Landung auf dem Flugplatz Bern-Belpmoos an. Freilich nicht in der Pistenachse, sondern mehr oder weniger querfeldein. Mit einer sportlichen Steilkurve wenige Meter (oder war es weniger als ein Meter?) über einem kleinen Kartoffelacker brachte der Pilot die Maschine in Landeposition und mehr oder weniger sanft zu Boden. Dem mitfliegenden Mechaniker und einem weiteren Besatzungsmitglied steckte das Herz im Hals, und sie beschlossen, dem Piloten einen Schrecken einzujagen. Aus dem Kartoffelacker rissen sie eine Staude, wickelten sie um die Flügelspitze, zeigten dem Piloten die Bescherung und wiesen darauf hin, daß der Landeanflug ihrer Meinung nach «doch wohl eher knapp» gewesen sei. Der Pilot soll vor Schreck beinahe umgefallen sein, den Betrug dann aber doch durchschaut haben. Überliefert ist nur seine letzte Reaktion: ein breites, berndeutsches, an den Mechaniker gerichtetes «Du Heilanddonners-Cheib!».

Ein kriegerischer Anblick: Massenabsprung von Fallschirmjägern aus schweizerischen Ju-52. Doch der Schein trügt: Die «Angreifer» sind harmlose Sandsäcke, und ihr Abwurf dient reinen Übungszwecken.

A-702

◁ *Die Ju-52 kann man ausgezeichnet «sportlich» fliegen – zum Beispiel in Steilkurven in Bodennähe.*

In diesem Zustand gelangten die Flugzeuge Anno 1939 in die Schweiz: mit den alten, größeren Rädern und den auffälligen Radverkleidungen.

Aber nicht nur für Sandsack-«Fallschirmjäger», sondern auch für echte Fallschirmsoldaten diente die Ju-52 als Transportvehikel; freilich erst ab 1968, als die Schweizer Armee eine eigene Truppe von Fallschirmgrenadieren aufzustellen begann. Kein anderes Schweizer Militärflugzeug bietet so viel Platz; das ist der Grund dafür, daß die Ju-52 auch künftig, wenn sie unter ziviler Flagge fliegt, hin und wieder für diesen Zweck in ihre militärische Rolle zurückkehren wird.

Nach dem Ende des Zweiten Weltkriegs fielen der Ju-52 alle möglichen Transporteinsätze zu, für die es lange Zeit kein anderes Flugzeug gab. Vergessen wir nicht: Leistungsfähige Transporthelikopter gibt es erst seit dem Ende der fünfziger Jahre (ihre ersten Alouette II erhielt die Schweizer Flugwaffe im Jahre 1958); bis dahin – und für schwere oder sperrige Güter auch darüber hinaus – war die Ju-52 ohne Konkurrenz.

So flog das Junkers-Flugzeug Anno 1947 erstmals mit Beamten der bereits erwähnten KTA an Bord in das besetzte Deutschland, wo sich die Schweizer in den Arsenalen der Alliierten und insbesondere der Amerikaner nach günstigem Occasions-Kriegsmaterial umsahen. 1948 kulminierten diese «Einkaufstouren» in der Beschaffung von insgesamt 130 gebrauchten US-Jagdbombern «North American P-51D Mustang». Der Kaufvertrag sah vor, daß die Maschinen (für die die Schweizer 4000 Dollar pro Stück bezahlten, ein schon damals extrem niedriger Preis) von den Amerikanern kriegstüchtig hergerichtet und in die Schweiz überflogen werden sollten. Bei den ersten 100 Flugzeugen klappte auch noch alles bestens. Um die letzten 30 Maschinen kümmerte sich jedoch auf amerikanischer Seite plötzlich niemand mehr. Denn inzwischen hatte die Sowjetunion eine totale Blockade über Westberlin verhängt und dadurch die isolierte Stadt von jedem Nachschub abgeschnitten. Für die

Amerikaner wie für die übrigen Alliierten bedeutete dies, daß sie Berlin vollständig aus der Luft versorgen mußten; die berühmte Berliner Luftbrücke war die Folge, über die Westberlin knapp elf Monate lang alles Lebensnotwendige – Nahrungsmittel, Medikamente und Kohle – auf dem Luftweg erhielt. Sie nahm natürlich sämtliche Kräfte der in Deutschland stationierten US-Luftwaffe in Anspruch und ließ die Erfüllung einer den Schweizern gegebenen Zusicherung in den Hintergrund treten. So war die Schweizer Flugwaffe einmal mehr froh um ihre treuen Ju-52: Mit zwei Flugzeugen flog eine Technikermannschaft kurzentschlossen nach Oberpaffenhofen bei München (wo die Mustangs standen), machte die Kampfflugzeuge eigenhändig flugtüchtig und flog sie in die Schweiz.

Als ähnlich nützlich erwiesen sich die Ju-52 Anno 1951. Drei Jahre vorher hatte die Schweiz ihre ersten Düsenkampfflugzeuge (vom Typ «de Havilland DH.100 Vampire Mk6») erhalten. Die Jets bewährten sich ausgezeichnet, und so lag es auf der Hand, eine zusätzliche Serie zu beschaffen, diese aber unter britischer Lizenz in der Schweiz zu fabrizieren. Zur eigenen Herstellung auch der Triebwerke reichte die Zeit aber nicht. So drängte sich die Ju-52 einmal mehr geradezu auf: In Pendeleinsätzen zwischen der Schweiz und Großbritannien schaffte sie Dutzende der über 700 kg schweren Vampire-Düsentriebwerke in die Schweiz, zwei pro Flug.

Es waren bisweilen abenteuerliche Einsätze. Die beteiligten Piloten berichten, daß der Radiokompaß «nur selten» funktionierte und sie ihren Weg über dem unbekannten Ausland meist nach dem magnetischen Kompaß, nach Uhr und Bodensicht finden mußten. Kurzwellen-Radiokontakt gab es ebenfalls nur sporadisch, da die langen Antennen, die vom Rumpfbug bis zu den Flügelenden gespannt waren, oft Eis ansetzten und sich dann, schwerer geworden, abrupt «abmeldeten», lies: losrissen. – Eisansatz, diesmal an den Propellern, war auch der Grund dafür, daß die England-Flüge vorzeitig eingestellt (bzw. durch Einsätze mit von der Swissair gemieteten DC-3-Flugzeugen ersetzt) wurden. Das Problem bestand darin, daß sich Eis durch Absinken in wärmere Luftschichten zwar von den Propellern entfernen ließ, aber nur unregelmäßig: mal flog hier ein Brocken weg, mal dort. Dadurch liefen die Propeller unwuchtig,

Oben links: Einer der 30 Mustang-Jäger, welche dank der Transportflüge der Ju-52 zum Überflug in die Schweiz hergerichtet werden konnten. – Oben: Formationsflug zweier Oldtimer, die bei der Schweizer Flugwaffe mittlerweile ausgemustert sind: vorne eine Ju-52, dahinter ein Trainingsflugzeug Pilatus P-2.

was eine ernste Gefahr für das ganze Flugzeug bedeutete.
Der Wegfall der England-Flüge, der einzigen «Übersee-Einsätze» der schweizerischen Ju-52, wurde von den Besatzungen allgemein bedauert. Gleichzeitig war jedoch auch eine gewisse Erleichterung zu spüren. Denn die Flüge waren allein schon wegen ihrer Länge ermüdend: Vier bis viereinhalb Stunden dauerte die Reise in einer Richtung bei normalen Windverhältnissen, bei Gegenwind – wo es nicht selten vorkam, daß die Autos auf der Hauptstraße das Flugzeug überholten – aber ohne weiteres auch deren sechs! Übrigens bewiesen die Junkers-Besatzungen schon damals, wie sorgsam sie mit dem kargen Militärbudget der Eidgenossenschaft umzugehen wußten: Um die Spesen für eine Übernachtung in Großbritannien einzusparen, kaufte der Bordmechaniker vor jedem Flug auf eigene Rechnung zwei Flaschen Wein. Er wußte nämlich, daß der britische Zollbeamte, der die Exportpapiere für die mitgeführten Vampire-Triebwerke zu kontrollieren hatte, eine milde Gabe dieser Art mit extrem speditiver Abfertigung zu belohnen pflegte. So konnten die Schweizer

jeweils am selben Abend wieder zu Hause in die Federn!
Transportflüge im Zusammenhang mit dem Kauf neuer Kampfflugzeuge gehörten auch später immer wieder zu den interessanteren, weil ungewöhnlichen Aufträgen für die Ju-52 und ihre Besatzungen. Als die Schweizer Militärs das französische Überschall-Jagdflugzeug «Dassault Mirage III» erprobten, waren es die Ju-52, welche die nötige Munition in das französische Versuchszentrum von Cazaux flogen. Und es waren die Ju-52, welche die zusammen mit den Mirages gekauften Luft-Boden-Lenkwaffen «Nord AS.30» in die Schweiz beförderten. Es waren auch die Ju-52, die später hohe Schweizer Militärs nach Turin brachten, wo Schweizer Experten im Hinblick auf einen möglichen Kauf das italienische Kampfflugzeug «Fiat G.91» testeten (wobei eine der ehrwürdigen Tanten auf dem Rückflug beinahe verunfallt wäre; der Pilot hatte sich im schlechten Wetter verflogen und fand die Orientierung erst wieder, als er, in einer Höhe von kaum mehr als 100 Metern, über Domodossola kreiste).
Und es war schließlich die Ju-52, die immer dann einsprang, wenn es irgendwo etwas auszubügeln galt. Zum Beispiel damals im Januar 1952, als sich ein schweizerischer Vampire-Pilot während eines Übungsfluges im Nebel verirrte und später mit leeren Treibstofftanks in Italien, 15 km nördlich von Turin, eine Bruchlandung machte. Dank der Ju-52 waren Personal und technisches Material für den Rückflug im Handumdrehen an Ort und Stelle. Und erst noch diskret...
Wenn wir schon bei den eher peinlichen Einsätzen der Ju-52 sind, muß unbedingt auch von der Geschichte mit dem Osterkreuz die Rede sein. Sie tönt wie ein billiger Roman, ist aber von A bis Z wahr.
Es war Anfang 1964, als Bundesrat Paul Chaudet, damals Chef des Militärdepartements, die Eingebung hatte, mit der Ju-52 im Rahmen einer kleinen Privataktion einen Beitrag zur Verbreitung österlichen Gedankengutes zu leisten. In seiner Eigenschaft als oberster Kommandant der Schweizer Armee befahl er, an Rumpf- und Flügelunterseite einer Ju-52 ein riesiges Christuskreuz aus Leuchtstoffröhren anzubringen und mit diesem leuchtenden Friedenssymbol in den Nächten der Osterfeiertage am Himmel der Westschweiz zu kreisen.
Chaudets Untergebene in Dübendorf machten sich am 18. Februar 1964 kopfschüttelnd, aber gehorsam an die Arbeit. Das Kreuz wurde montiert, der Rumpf mit benzinbetriebenen Generatoren ausgerüstet, die den nötigen Strom lieferten. Versuchsflüge ab Dübendorf (der erste am 4. März bei Tageslicht, der erste Nachtflug am 29. März) bestätigten die Funktionstüchtigkeit der Anlage, und so wurde die «Leuchtreklame-Ju» am Gründonnerstag nach Payerne gebracht, von wo aus sie am Karfreitag zu ihrem ersten Missionseinsatz starten sollte.
Sollte, denn Chaudet hatte die Rechnung offensichtlich ohne den lieben Gott gemacht! Von Karfreitag an regnete es nämlich während der ganzen Osterfeiertage ununterbrochen, und an einen Einsatz des zweckentfremdeten Flugzeuges war überhaupt nicht zu denken. Der Mißerfolg war offensichtlich, und für Chaudet und seine Mannen gab es nur noch eines: niemandem etwas von der geplatzten Aktion zu erzählen, um der Pleite nicht auch noch den Spott der Nation folgen zu lassen. Und die Sache wäre wohl auch bis heute geheim geblieben, wenn nicht ein pfiffiger Zeitungsreporter Wind davon bekommen hätte... Am 6. und 7. April 1964 wurde das unglückselige Kreuz jedenfalls diskret wieder demontiert.
Über alle Höhen und Tiefen ihrer am Schluß mehr als 42jährigen militärischen Karriere in der Schweiz – die drei Flugzeuge wurden Ende 1981 formell stillgelegt – galt der Ju-52 ununterbrochen die ganz spezielle Zuneigung jener, die mit ihr zu tun hatten. «Sie war unser liebstes Kind, weil sie irgendwie nicht ganz in den militärischen Betrieb paßte; mit der Ju-52 genoß man Freiheiten, die sonst im militärischen Flugbetrieb völlig unbekannt sind.»
In der Tat: Der Pilot eines Kampfflugzeuges startet mit einem klaren Flugauftrag in der Tasche, der ihm kaum Raum für eigene Initiativen läßt. Mit der Ju-52 dagegen war es immer möglich, das Fliegen auch von seiner schönen, beschaulichen Seite zu nehmen: Da reklamierte kein Vorgesetzter, wenn eine Besatzung aus reiner Freude am Leben noch eine Extrarunde um das Finsteraarhorn drehte.
Man sollte sich allerdings hüten, diesen Ansatz zur Nonchalance als repräsentativ für die militärische Laufbahn aller Ju-52 zu betrachten; seine wirkliche Bewährungsprobe erlebte dieser Flugzeugtyp in echten Kriegen, in denen es keine beschaulichen Flüge gab.

Oben: Der allererste militärische Fallschirmspringer der Schweiz sprang 1968 aus einer Ju-52 in die Tiefe. Und weil es ein denkwürdiger Moment war, wurde er im Bilde festgehalten. – Unten: So sah es während der Fallschirmflüge im Innern der «alten Tante» aus.

A-703

Der ehemalige Ju-52-Mechaniker Franz Schraner am Copiloten-Steuer der Ju-52. Mechaniker waren für dieses Flugzeug mehr als nur technische Betreuer; sie waren zugleich auch «Hilfspiloten» und überhaupt gleichsam die «Mädchen für alles», aber auch für wirklich alles: Bisweilen konnte es sogar vorkommen, daß sie die Cockpit-Frontscheiben zu reinigen hatten – im Flug natürlich. (Kein Problem: Wenn der Pilot langsam fliegt, kann man sich aus der Dachluke ohne allzu große Schwierigkeiten nach vorn über die Scheiben lehnen!)

Beobachter an der Arbeit im «fliegenden Theoriesaal Ju-52». Dieses Bild kam freilich nur mit etwas Betrug zustande: Es ist in neuerer Zeit für einen Film über die Ju-52 nachgestellt worden. Immerhin: Die technische Ausrüstung entspricht genau jener der Zeit um 1940, so insbesondere die unförmige Apparatur links im Bild.

Die Ju-52 der Schweizer Flugwaffe haben nie einen Krieg erlebt, aber während etwas mehr als einem Jahrzehnt dennoch regelmäßig Fallschirmjäger an den Einsatzort geflogen: die Fallschirmgrenadiere der Schweizer Armee auf ihren Übungseinsätzen.

«Auf ‹Los!› geht's los»: In rascher Folge stürzen sich die Fallschirmgrenadiere in die Tiefe; zwei sind bereits abgesprungen, der dritte wälzt sich soeben aus dem Flugzeug.

Lastesel im Zweiten Weltkrieg

In der Schweiz war die Ju-52 zeit ihres militärischen Lebens von Sympathie umgeben. Das gleichmäßige Brummen ihrer Motoren, die fast hilflos anmutende Behäbigkeit ihrer Bewegungen ließen wohl nie Gedanken daran aufkommen, daß dieses Flugzeug nicht nur ein friedliches Transportmittel war, sondern ebensosehr ein wirksames Instrument in einem mörderischen Krieg. In der Tat: Hätte Nazideutschland die Ju-52 nicht zur Verfügung gehabt, es wäre möglicherweise manches anders gelaufen im Zweiten Weltkrieg.

Der Beginn der militärischen Karriere der Ju-52 vollzog sich, wie bereits im ersten Kapitel angetönt, im geheimen. Aber nicht lange: Bereits 1934, nur ein Jahr nach seiner Machtergreifung, sah Adolf Hitler keine Veranlassung mehr, die Zweckentfremdung des als rein ziviler Transporter gebauten Flugzeuges zu verheimlichen. So wurde die «Behelfsbomberversion» ganz offen in immer größeren Stückzahlen hergestellt, 1934 und 1935 zusammen in rund 450 Exemplaren.

Die Ju-52 war aber nie ein guter Bomber; auch ihre Möglichkeiten zum Schutz gegen angreifende Jäger waren eher dürftig. Die Defensivbewaffnung bestand aus zwei Maschinengewehren. Eines war nach herkömmlicher Manier auf der Oberseite des Hinterrumpfes montiert, und sein Schütze stand auf einem Podest in der Kabine. Das zweite MG hingegen mußte wegen des mittleren Motors, dessen Propeller das Schußfeld nach vorne einengte, in einem ungestalten Blechkübel zwischen den beiden Beinen des Hauptfahrwerks untergebracht werden. Bei Start und Landung wurde dieser Kübel (um Bodenberührung zu verhindern) an den Rumpf geklappt; sobald das Flugzeug in seinem Element war, klappte die Besatzung den MG-Kübel mittels einer Kurbel nach unten, und durch eine Bodenluke stieg der Schütze in seinen luftigen «Arbeitsplatz». Auch die in die Schweiz gelieferten Ju-52 waren anfänglich mit diesem MG-Stand ausgerüstet; die Einrichtung wurde jedoch alsbald entfernt. (Ein Exemplar ist noch erhalten und wird möglicherweise wieder montiert, wenn dereinst eine schweizerische Ju-52 den Weg in ein Museum findet.)

Ein Bild, das rund 40 Jahre überbrückt: Eine Ju-52 mit Baujahr 1939 wird von einer Northrop F-5F Tiger II aus den siebziger Jahren überflogen.

Theoretisch begann die militärische Laufbahn der Ju-52 als Bomber – ihren ersten praktischen Kriegseinsatz erlebte sie jedoch bezeichnenderweise als Transporter, eine Rolle, in der sie sich auch bis zum bitteren Kriegsende bewähren sollte.

Es war in Spanien, wo General Franco im Jahre 1936 einen Bürgerkrieg entfesselte. Gleich von Beginn der Kampfhandlungen an genoß Franco die tatkräftige Unterstützung Adolf Hitlers, der diesen Krieg im Hinblick auf seine eigenen Eroberungspläne als willkommenes Prüffeld für allerlei neues Kriegsgerät betrachtete. So auch für die Ju-52.

Als erste Hilfslieferung gelangten 20 Flugzeuge nach Spanien. Sie wurden sogleich eingesetzt, um 10 000 Soldaten von Marokko an die iberischen Fronten zu transportieren. Es war der erste Kriegstest dieses unverwüstlichen Flugzeuges.

Doch es blieb nicht lange beim Einsatz durch Francos Truppen. Als Hitler seinem Bundesgenossen mit einer Expeditionsarmee (der sogenannten «Legion Condor») unter die Arme griff und schließlich zum Sieg verhalf, war die Ju-52 natürlich wiederum dabei. Die bei diesen Einsätzen gewonnenen Erfahrungen führten zum Bau einer neueren Version mit verstärkten Motoren und einigen weiteren technischen Verbesserungen.

Im Grunde hatte das Flugzeug den spanischen «Test» aber glänzend bestanden, und so wurde es bald zum Standard-Transporter der deutschen Luftwaffe. Als Hitler im September 1939 Polen überfiel und damit den Zweiten Weltkrieg auslöste, waren von den insgesamt 552 Transportflugzeugen, über die die Luftwaffe zu jenem Zeitpunkt verfügte, 547 Ju-52.

Im Gleichschritt mit der nun folgenden Ausweitung des Krieges wuchsen auch Bedeutung und Produktionszahlen der Ju-52. Wir wollen uns nicht in Details verlieren und deshalb auf eine vollständige Aufzählung der Kriegseinsätze dieses Flugzeuges verzichten. Überall, wo deutsche Truppen kämpften, war die Ju-52 das

Der deutsche Angriff auf die Mittelmeerinsel Kreta wäre ohne den massierten Einsatz von Fallschirmspringern nicht denkbar gewesen. Als Transportflugzeuge wurden vor allem die Ju-52 verwendet.

Unterwegs zu einem Einsatz mit ungewissem Ausgang: deutsche Fallschirmjäger an Bord einer Ju-52 auf dem Flug nach Kreta.

Die Ju-52 transportierte im Zweiten Weltkrieg alles: Soldaten, Munition – und eben auch Fahrzeuge wie dieses Motorrad, das auf der Insel Kreta entladen wird.

Bei den deutschen Truppen in Nordeuropa kam die Ju-52 zum Teil als Schwimmerflugzeug zum Einsatz.

Ein Feldflugplatz in der Libyschen Wüste während Deutschlands Nordafrika-Feldzug.

Flugzeug, das den Nachschub brachte, die Verwundeten ausflog, die (oftmals letzte) Verbindung nach Hause herstellte.
Ein Stichwort, das jedoch auch in einer stark abgekürzten Darstellung der Einsätze der Ju-52 nicht fehlen darf, heißt «Stalingrad».
Am 23. November 1942 gelang es sowjetischen Truppen, in und um die Stadt Stalingrad (heute Wolgograd) eine deutsche Armee von rund 250 000 Mann einzukesseln. Hermann Göring, der Oberkommandierende der deutschen Luftwaffe, versprach Hitler, die abgeschnittenen Truppen aus der Luft zu versorgen und so vor dem Untergang zu retten. Göring hatte zwar allen Grund, seinen Transportstaffeln (die ja überwiegend mit der Ju-52 ausgerüstet waren) viel zuzumuten; diesmal jedoch überschätzte er seine Leute – und die Ju-52.
Das Ziel der Operation war, die Eingeschlossenen täglich mit 300 Tonnen Nachschub zu versorgen; in den ersten zwei Tagen wurden jedoch nur gerade je 65 Tonnen erreicht. Dann brach der Winter mit voller Wucht über die auf vorgeschobenen Feldflugplätzen nur mangelhaft geschützten Transportstaffeln herein: Bald war

Unter widrigsten Wetterbedingungen flogen die Ju-52 zu den eingeschlossenen Truppen bei Stalingrad.

Für die bei Stalingrad eingeschlossenen deutschen Truppen waren die Ju-52 lange Zeit die einzige Verbindung zur Außenwelt. Sie brachten dringend nötigen Nachschub und flogen Verwundete aus.

nur noch jedes dritte Flugzeug einsatzfähig. Und schließlich gab die sowjetische Armee dem Unternehmen den Rest: An einem nebligen Wintertag mit Temperaturen weit unter dem Nullpunkt griff sie einen der wichtigsten Stützpunkte der für die Versorgung von Stalingrad eingesetzten Ju-52 an. Die 108 dort stationierten Transporter starteten, von panikbesessenen Besatzungen gesteuert, wild durcheinander, um dem Inferno zu entgehen. Eines der Flugzeuge landete später auf einem anderen Feldflugplatz, von einem Mann gesteuert, der noch nie zuvor in einem Cockpit gesessen hatte . . .

Das Debakel der Deutschen in Stalingrad war nun nicht mehr aufzuhalten. Je mehr vorgeschobene Flugplätze von den Russen überrannt wurden, um so schwieriger gestaltete sich die Versorgung der Truppen. Als dann in der belagerten Stadt auch nicht mehr gelandet werden konnte (die Versorgungsgüter also per Fallschirm abgeworfen werden mußten und auch eine Evakuierung der Verwundeten nicht mehr möglich war), nahte das Ende Stalingrads mit Riesenschritten. Und mit ihm auch das baldige Ende des Dritten Reiches.

Nach Kriegsende lagen die meisten der knapp 5000 gebauten Ju-52 (die genaue Zahl ist nicht bekannt) in Trümmern. Einige wenige jedoch überlebten: die drei Flugzeuge, die seit 1939 unter dem Zeichen der Schweizer Flugwaffe flogen, zum Beispiel. Aber auch in Großbritannien war die Ju-52 noch einige Jahre am Himmel zu sehen: Zehn erbeutete Maschinen wurden dort nämlich als Verkehrsflugzeuge hergerichtet und von der Fluggesellschaft British European Airways in den Jahren 1946 und 1947 im Inland-Liniendienst eingesetzt.

Ferner überlebten natürlich die zahlreichen Maschinen, die während der Kriegsjahre in Spanien sowie im besetzten Frankreich unter deutscher Lizenz hergestellt worden waren: Spanische CASA C-352-L (gebaut von der heute noch existierenden Firma «Construcciones Aeronáuticas SA») und französische AAC.1 «Toucan» («Tukan», ein spechtartiger Vogel) aus den Werkhallen der «Ateliers Aéronautiques de Colombes» flogen auch nach Kriegsende noch viele Jahre. Die französischen Flugzeuge wurden unter anderem von der Air France verwendet sowie von der französischen Luftwaffe Anno 1949 im ersten Vietnamkrieg.

Auf irgendeinem Kriegsschauplatz zwischen 1939 und 1945: Eine deutsche Ju-52 ist gelandet.

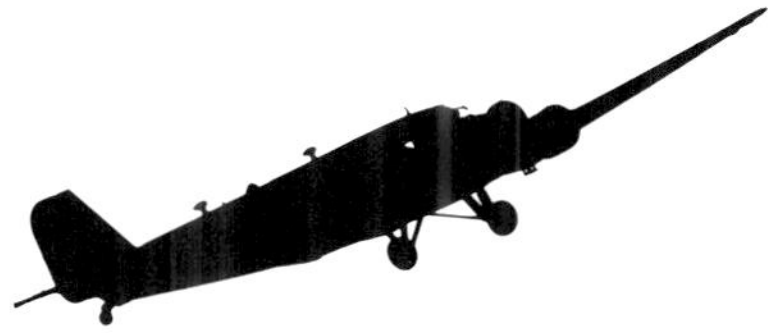

«BROT!», «HEU!» Die Ju-52 als Rettungsengel

Am 23. Januar 1951 verbreitete der deutschschweizerische Radiosender Beromünster nach den Nachrichten eine außergewöhnliche Meldung. Sie hatte folgenden Wortlaut:
«Achtung, Achtung, Postbüro Sta. Maria, Val Müstair! Die Generaldirektion PTT hat folgende Meldung für Sie: Am Mittwoch, den 24. Januar, und an den folgenden Tagen bis Samstag wirft ab 9 Uhr ein Militärflugzeug auf die große, ebene Wiese zwischen Sta. Maria und Sielva vor dem Bezirksspital rechts der Straße (Koordinaten 829 200/166 000) aus der Höhe von etwa 50 Metern Post ab. Das Postbüro Sta. Maria wird gebeten, die Säcke zu sammeln und den Inhalt zuzustellen oder weiterzuleiten. Die Abwurfstelle ist durch Auslegen einer Schweizerfahne am Boden zu kennzeichnen und der Platz abzusperren. Die Flüge können nur bei gutem Wetter ausgeführt werden.»
In der Tat eine außergewöhnliche Radiomeldung. Warum sollte ein Militärflugzeug Post ins Münstertal bringen, wo doch eine Straße dorthin führt? Und wenn die Generaldirektion der PTT ihren Leuten in Sta. Maria etwas mitzuteilen hat, warum tut sie's denn nicht per Telefon?
Im Januar 1951 herrschten eben besondere Zustände; es war der Winter, den die einheimische Bevölkerung bis heute, mehr als dreißig Jahre später, als «den Lawinenwinter» kennt.
Ab etwa Mitte Januar wollte es in weiten Teilen des Alpenraums nicht mehr aufhören zu schneien. Am 19. Januar verursachten die ersten großen Lawinen Straßensperrungen. Am 20. Januar wurden mehrere Telefonleitungen unterbrochen, darunter jene ins Münstertal. Und am 21. Januar meldete das Radio: «Infolge der Verkehrsunterbrüche kann die Post folgenden Talschaften nicht zugestellt werden: Davos, Arosa, Ober- und Unterengadin (einschließlich Münstertal), Bergell, Puschlav, Vals und Tavetsch.»
Und natürlich ging es nicht nur um die Post: In den betroffenen Talschaften, zu denen später auch noch ein Teil des Urserentals sowie das Maderanertal, das Avers, das Lugnez, Gebiete in den Kantonen Wallis und Tessin sowie Teile des österreichischen Landes Vorarlberg kamen, gab es überhaupt keine Verbindung zur Außenwelt mehr, ja in vielen Fällen waren sogar einzelne Gehöfte innerhalb des Tals von den Dörfern im Talgrund abgeschnitten. Nahezu 80 Menschen kamen innerhalb weniger Tage unter Lawinen ums Leben. Es war, auch wenn man es zurückhaltend formuliert, eine katastrophale Situation.
Das war die Stunde der Ju-52. Sofort erklärte sich das Eidgenössische Militärdepartement bereit, die Flugwaffe zur Versorgung der notleidenden Bevölkerung einzusetzen. Die Hauptlast sollten die drei Ju-52 tragen, für kleinere Missionen unterstützt von Flugzeugen der Typen C-3603, Pilatus P-2 sowie Beech C-50.
Um gezielt und sinnvoll helfen zu können, überflogen die Maschinen zuerst alle abgeschnittenen Gebiete und warfen Pakete ab, die nebst drei gelben Tuchstreifen ein Flugblatt mit folgendem Text enthielten:
«Schweizerische Fliegertruppe. – *Zuerst diese Meldung genau durchlesen und studieren!* – Hier haben Sie drei gelbe Tücher (Streifen). Wollen Sie bitte diese gelben Tücher rasch auslegen, als Antwort auf die nachfolgenden Fragen. (Das Flugzeug wird sofort, eventuell auch später, diese Zeichen aufnehmen.)

1. Befinden sich bei Ihnen kranke oder verletzte Leute?
Wenn nein **+**
Wenn ja, geben Sie die Anzahl wie folgt an:

1 Person krank oder verletzt	**I**
2 Personen krank oder verletzt	**II**
3 Personen krank oder verletzt	**III**
4 Personen krank oder verletzt	**IV**
5 Personen krank oder verletzt	**V**
6 Personen krank oder verletzt	**H**

2. Brauchen Sie Lebensmittel?
Wenn ja: **L**
Wenn nein: **U**
(Nähere Angaben *groß* in den Schnee schreiben)

3. Brauchen Sie Medikamente?
Wenn ja: *
Wenn nein: **T**

4. Wenn Sie sonst noch etwas brauchen, so schreiben Sie dies mit *großen* Buchstaben neben diesem Zeichen △ in den Schnee.

5. Wenn Sie nichts benötigen, bitte folgendes Zeichen auslegen: **– – –**

6. Wenn das Flugzeug schwenkt, so kann nächstes Zeichen ausgelegt werden. – Flugzeug kreist, bis das Zeichen verstanden wurde.

Alles Gute! – Dübendorf, vor dem Start zum Abwurf.»

Soweit das Flugblatt. Die Bevölkerung kapierte das System sofort; überall erblickten die Militär-Besatzungen die gelben Tücher, oft ergänzt durch genauere Angaben über den Bedarf. Da stand groß «PETROL» neben einem Bauernhaus, dort «HEU», an einem andern Ort «BROT».
Für die technischen Betreuer der Ju-52 ging es nun zunächst darum, am Flugzeug und auf den Flugplätzen die Voraussetzungen für eine sichere und präzise Lieferung der Hilfsgüter zu schaffen. Für den «Versand» dienten die verschiedensten Behälter, je nach dem zu transportierenden Material: mit Drahtgeflecht umwickelte Kartonschachteln für kleinere Mengen, Segeltuchsäcke für «Kollektivverpflegung» im Gewicht von 60 bis 70 kg, Kanister für Rohöl, Benzin und Petrol, gewöhnliche Postsäcke für unzerbrechliche Brief- und Paketsendungen, teils auch bombenähnliche Behälter für kleinere Mengen von Hilfsgütern. Je nach Art des Transportgutes wurden die Lieferungen mit oder ohne Fallschirm abgeworfen, völlig unempfindliche Güter – etwa Brotsäcke oder Heuballen – natürlich immer im freien Fall, der ja durch den tiefen Schnee allemal gebremst wurde.

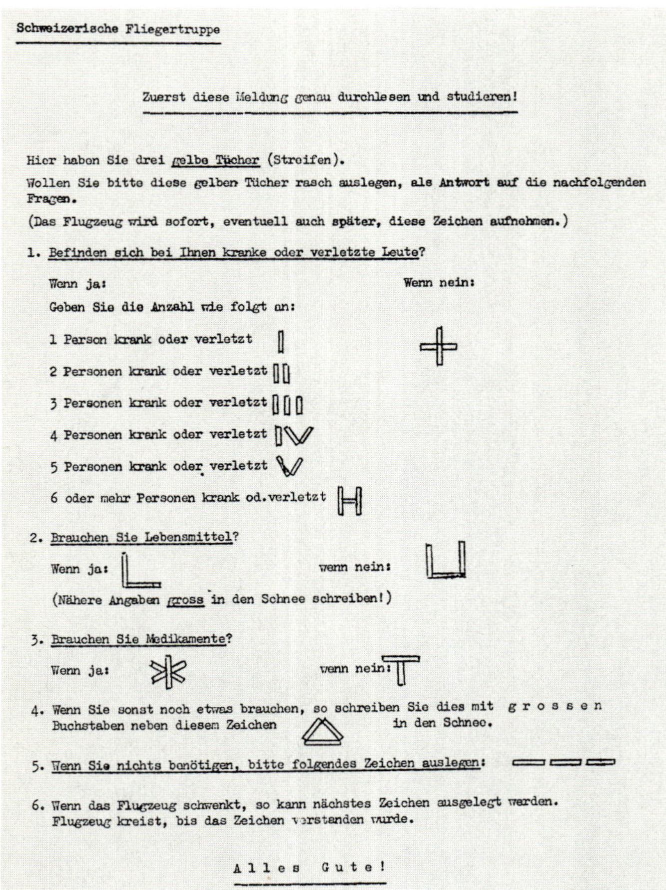

Schweizerische Fliegertruppe

Zuerst diese Meldung genau durchlesen und studieren!

Hier haben Sie drei gelbe Tücher (Streifen).
Wollen Sie bitte diese gelben Tücher rasch auslegen, als Antwort auf die nachfolgenden Fragen.
(Das Flugzeug wird sofort, eventuell auch später, diese Zeichen aufnehmen.)

1. Befinden sich bei Ihnen kranke oder verletzte Leute?
Wenn ja: Wenn nein:
Geben Sie die Anzahl wie folgt an:
1 Person krank oder verletzt
2 Personen krank oder verletzt
3 Personen krank oder verletzt
4 Personen krank oder verletzt
5 Personen krank oder verletzt
6 oder mehr Personen krank od.verletzt

2. Brauchen Sie Lebensmittel?
Wenn ja: wenn nein:
(Nähere Angaben gross in den Schnee schreiben!)

3. Brauchen Sie Medikamente?
Wenn ja: wenn nein:

4. Wenn Sie sonst noch etwas brauchen, so schreiben Sie dies mit g r o s s e n Buchstaben neben diesem Zeichen in den Schnee.

5. Wenn Sie nichts benötigen, bitte folgendes Zeichen auslegen:

6. Wenn das Flugzeug schwenkt, so kann nächstes Zeichen ausgelegt werden. Flugzeug kreist, bis das Zeichen verstanden wurde.

A l l e s G u t e !

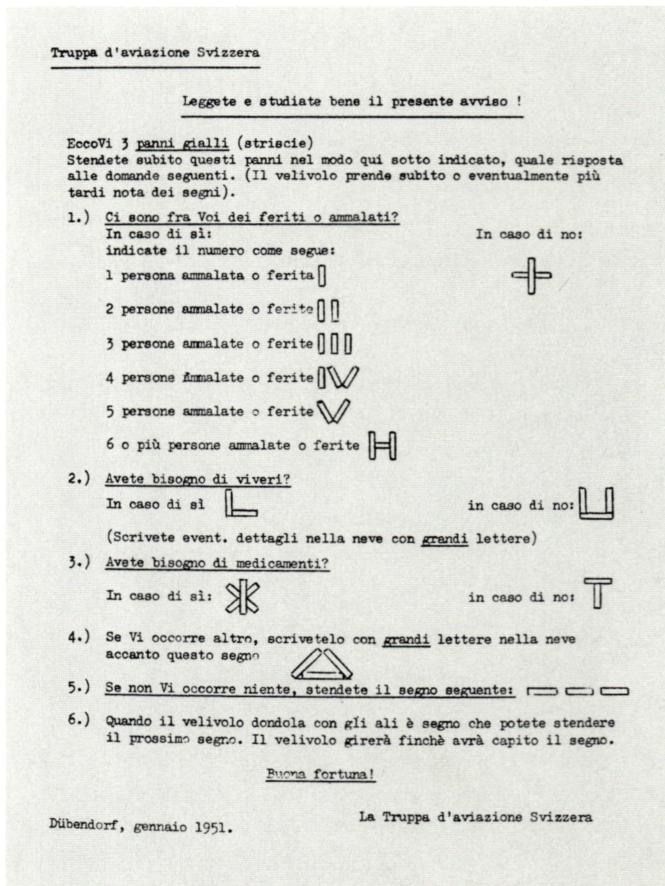

Truppa d'aviazione Svizzera

Leggete e studiate bene il presente avviso !

EccoVi 3 panni gialli (striscie)
Stendete subito questi panni nel modo qui sotto indicato, quale risposta alle domande seguenti. (Il velivolo prende subito o eventualmente più tardi nota dei segni).

1.) Ci sono fra Voi dei feriti o ammalati?
In caso di sì: In caso di no:
indicate il numero come segue:
1 persona ammalata o ferita
2 persone ammalate o ferite
3 persone ammalate o ferite
4 persone ammalate o ferite
5 persone ammalate o ferite
6 o più persone ammalate o ferite

2.) Avete bisogno di viveri?
In caso di sì in caso di no:
(Scrivete event. dettagli nella neve con grandi lettere)

3.) Avete bisogno di medicamenti?
In caso di sì: in caso di no:

4.) Se Vi occorre altro, scrivetelo con grandi lettere nella neve accanto questo segno

5.) Se non Vi occorre niente, stendete il segno seguente:

6.) Quando il velivolo dondola con gli ali è segno che potete stendere il prossimo segno. Il velivolo girerà finchè avrà capito il segno.

Buona fortuna!

Dübendorf, gennaio 1951. La Truppa d'aviazione Svizzera

Keine Kranken oder Verletzten, aber dennoch Hilfe erwünscht: ein abgeschnittenes Bauernhaus im Bündnerland.

Bilder oben: Die für den Abwurf von Hilfsgütern konstruierte Spezial-Rumpftüre. Sie öffnet sich, im Unterschied zur normalen Tür, nach innen und kann deshalb auch während des Fluges geöffnet und geschlossen werden. – Rechts: Mechaniker Alois Nigg demonstriert einen der Spezialbehälter, mit denen während des Lawinenwinters 1951 Hilfsgüter abgeworfen wurden: eine Holztonne mit einem aufgebundenen Fallschirm.

Den Abwurf aus der Ju-52 besorgten Mannschaften, die, angeseilt und zusätzlich durch einen Fallschirm gesichert, im Rumpfheck an der offenen Einsteigtüre standen. Anfänglich wurde die Türe, die sich nach außen öffnet und somit im Flug nicht bewegt werden kann, vor dem Start ausgehängt, so daß die Mannschaft während des ganzen Einsatzes schneidender Kälte ausgesetzt war. Nach den ersten Tagen (und der ersten Lungenentzündung?) konstruierten die Mechaniker in Dübendorf aber eine Behelfstüre, die nach innen schwenkte und somit während des größten Teils des Fluges geschlossen bleiben konnte.

Und noch eine weitere Konstruktionsänderung mußten die Ju-52 über sich ergehen lassen: Der alte Beobachterstand kam wieder zu Ehren. Wir erinnern uns: jene Blechwanne, die unter dem Rumpf zwischen den Rädern angebracht war und in der ursprünglich ein Maschinengewehrschütze seinen Platz hatte. Die Schweizer Flugwaffe hatte die häßlichen Kübel unmittelbar nach der Lieferung der Flugzeuge demontiert und in der hintersten Ecke eines Schuppens deponiert. Jetzt waren sie wieder willkommen – als Arbeitsplatz für einen Beobachter, der sicherstellen sollte, daß die Hilfsgüter auch am richtigen Ort abgeworfen wurden.

Das eigentliche Abwurfprozedere beschreibt ein beteiligter Pilot wie folgt: «Wir flogen wenn immer möglich talabwärts, möglichst tief und möglichst langsam. Der Beobachter hatte einen Druckknopf, mit dem er der Abwurfmannschaft Signalzeichen geben konnte. Drei kurze Signale hintereinander hießen ‹Achtung!›, ein langes Signal hieß ‹Abwerfen!›. Kaum war die Last draußen, beschleunigte ich auf 170 bis 180 km/h und zog den Kahn wie einen Bücker (ein Akrobatikflugzeug. Der Verf.) weg.»

Während des Lawinenwinters 1951 wird Heu für eingeschneites Vieh in eine Ju-52 verladen.

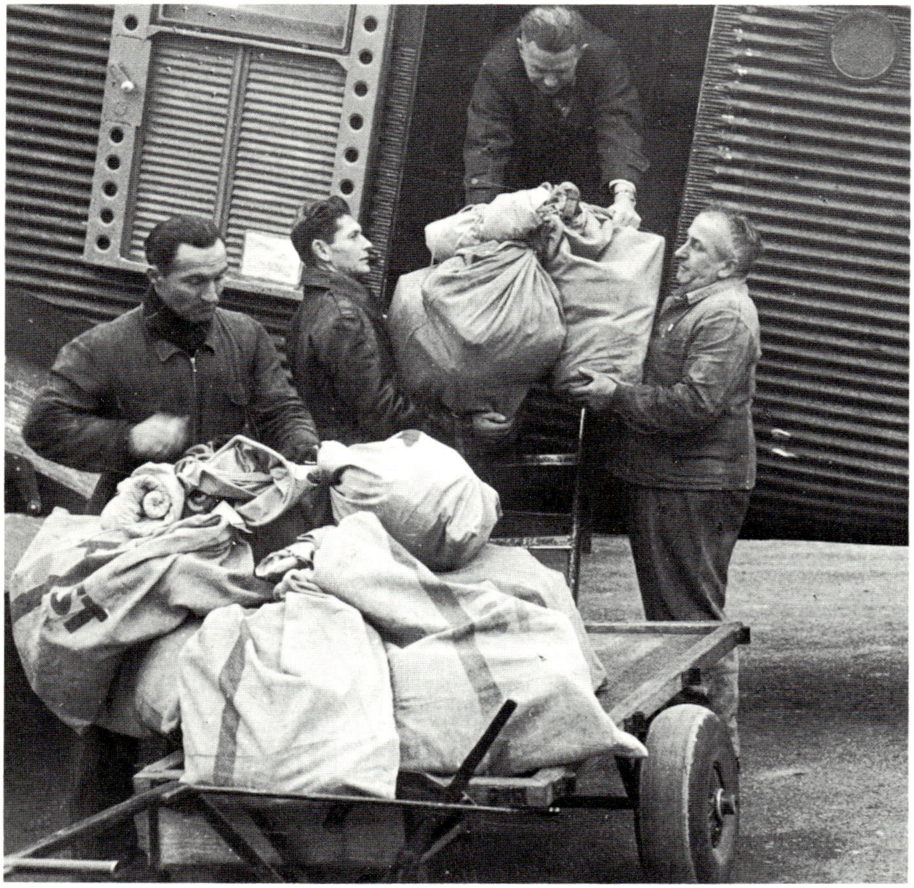

Oben: Auslegeordnung verschiedener Verpackungsarten für Hilfsmaterial. – Links: Post brauchte keine Fallschirme… – Rechts: Im Flugzeug werden die Hilfsgüter für den Abwurf vorbereitet. Die Reißleinen der Fallschirme sind bereits befestigt, die Türe ist geöffnet. Auf das Hornsignal des Beobachters, der unter dem Rumpf im «Ausguck» sitzt, werden die Pakete in die Tiefe gestoßen. Die Fallschirme der Mannschaft sind lediglich für den Notfall gedacht.

«Bemerkenswerte Fälle» aus dem offiziellen Protokoll

Auszug aus dem offiziellen Abschlußbericht der Direktion der Militärflugplätze (heute Bundesamt für Militärflugplätze) über die Hilfsaktionen im Lawinenwinter 1951:

«An dieser Stelle seien nur noch als besonders bemerkenswerte Fälle hervorgehoben:

1. Die Beschaffung und der nachfolgende Abwurf von Kleidern für einen nur noch im Hemd davongekommenen Knaben, dessen Familie beim Lawinenniedergang den Tod erlitt. Dieses Hilfsbegehren erfolgte um 14 Uhr telefonisch. Unverzüglich wurden in Dübendorf die Kleider gekauft und in Safien-Platz aus dem Flugzeug abgeworfen; die telefonische Empfangsbestätigung traf schon um 16.05 Uhr in Dübendorf ein.
2. Für eine in Silvaplana blockierte Schneeschleuder der Rhätischen Bahn wurden Ersatzteile per Auto von Liestal nach Dübendorf gebracht, dort sachgemäß verpackt und gleichentags noch aus einer Ju-52 in Silvaplana abgeworfen. Über Nacht erfolgte daraufhin die Reparatur der Maschine.
3. Für eine Schwerkranke im abgeschnittenen Bedretto mußte in kürzester Frist in Zürich ein besonderes, lebenswichtiges Medikament besorgt und in Bedretto abgeworfen werden.
4. In Bosco-Gurin gelangten 27 Ballen Heu zum Abwurf, nachdem für die daselbst eingeschlossenen 150 Stück Großvieh weder ein Fourage-Nachschub durchführbar war, noch eine Abtriebmöglichkeit bestand.
5. Im Verlaufe eines Vormittags von den Nordhängen Airolos erstellte fotografische Aufnahmen sind noch am gleichen Nachmittag der Tessiner Regierung in Bellinzona durch Abwurf übermittelt worden. Sie bestätigten das Vorhandensein von Schneeanrissen und damit die Gefahr weiterer Lawinenniedergänge.»

Meistens ging's gut, und am anderen Tag stand, mit Ruß in den Schnee geschrieben, «Danke schön und Gruß» an der betreffenden Stelle. Bisweilen war den kühnen Fliegern aber das Glück auch nicht ganz hold. So konnte es geschehen, daß einmal der Beobachter in seiner engen und windigen Blechwanne dermaßen angestrengt nach den magischen gelben Tüchern Ausschau hielt, daß er nicht realisierte, wie sein Fallschirm sanft, aber hinreichend kräftig gegen den Signalknopf drückte. Oben, in der Kabine, tönte ein deutliches «Piep» aus dem Horn – und die Kollegen warfen eine ganze Ladung Mehl und Zucker in ein unzugängliches Tobel! Ob sich wenigstens die Hirsche gefreut haben?

Im März klang die fliegerische Hilfsaktion aus, die Straßen waren wieder passierbar. Dankesschreiben aus den betroffenen Gebieten gaben den Militärfliegern die Genugtuung, die Leistungsfähigkeit der Flugwaffe und ihrer Flugzeuge und Mannschaften unter schwierigsten, aber friedlichen Verhältnissen bewiesen zu haben.

Die Aktionen im Lawinenwinter 1951 waren zwar die spektakulärsten Hilfseinsätze der Ju-52, aber nicht die einzigen. Fünf Jahre später, im Oktober 1956, kamen die Flugzeuge im Rahmen der großen Ungarn-Hilfsaktion zum Einsatz. Nach der Niederschlagung des ungarischen Volksaufstandes durch die sowjetische Armee flogen schweizerische Ju-52 im Auftrage des Roten Kreuzes Hilfsgüter, zur Hauptsache Wolldecken und Blutplasma, nach Wien, von wo aus Lastwagen den Weitertransport besorgten.

Ein Bild aus dem Lawinenwinter 1951, das mehr sagt als tausend Worte! Im Blickfeld der Ju-52 liegt Alp Terza im Münstertal.

DANKE
PETROL

Vom Büchsenöffner bis zu den Zigarren

Die Hilfslieferungen während des Lawinenwinters 1951 richteten sich so weit wie möglich nach den spezifischen Bedürfnissen der abgeschnittenen Bevölkerung. Waren diese nicht bekannt, so warfen die Flugzeuge Standardpakete im Gewicht von 50 kg ab, welche in zwei Versionen existierten:

- **Für abgeschnittene kleine Personengruppen ohne Kochgelegenheit:** 8 Fleischkonserven, 1 Büchsenöffner, 1 Rolle Schnur, 4 Büchsen Kondensmilch, 16 Portionen Ovomaltine, 8 Brotkonserven, 4 kg Frischbrot, 4 Suppenkonserven, 500 g Würfelzucker, 100 g Schwarztee, 2 Pakete Zündhölzer, 2 Pakete Zigaretten, 1 Paket Zigarren, 2 Pakete Verbandwatte, 2 Verbandpatronen, 2 Gazebinden, 1 Rolle Heftpflaster, 8 Kerzen, 1 leere Blechbüchse, Brennholz grob und fein.

- **Für abgeschnittene größere Personengruppen mit Kochgelegenheit:** 16 Fleischkonserven, 50 Suppenkonserven, 10 Portionen Ovomaltine, 2 Tafeln Fett, 5 kg Mais, 5 kg Reis, 10 kg Teigwaren, 10 kg Frischbrot, 500 g Schwarztee, 5 kg Haferflocken, 2 kg Zucker.

Hilfe hat ihren Preis

Die Hilfe der Flugwaffe im Lawinenwinter 1951 kam folgenden Ortschaften zugute: Binntal, Davos, Dischmatal, Flüelatal, Fondei, Gletsch, Göscheneralp, Gotschnagrat, Münstertal (Sta. Maria und Häusergruppe nördlich davon), Saas-Fee, Saas-Grund, Safiental, Samnaun (inkl. Skihaus Trida, Compatsch, Laret, Säge und Pfannhof), Scarltal, Schuls (Scuol), Sertigtal, Silvaplana, Simplon-Dorf, Vereinahaus (inkl. Weiler Gwüest), Val Bedretto (All'Acqua, Ronco, Bedretto, Villa, Ossasco, Fontana, Nante), Val Blenio (Daigra, Ghirone, Campo), Val Onsernone, Val Verzasca (Frasco), Valle Leventina (Airolo, Brugnasco, Ritomsee, Lago Tremorgio, Campello, Molare, Sobrio), Valle Maggia (Bosco-Gurin, Cimalmotto, Campo, Piano, Fusio, Peccia, S. Carlo). Außerdem wurden in Italien das Val Onsernone und Bagni di Craveggia versorgt, in Österreich Spiß und Noggls.
Die Kosten für die ganze Aktion setzten sich nach einer Aufstellung des Waffenchefs der Flieger- und Fliegerabwehrtruppen vom 13. April 1951 wie folgt zusammen:

	Fr.
a) Flugstunden 167 Stunden	233 500.–
b) Autofahrten 3006 km	2 500.–
c) Auslagen für Verpflegungs- und übrige Nachschubmittel	14 000.–
d) Zurverfügungstellung von Schneeschleudern, 900 Betriebsstunden (inkl. Vergütung für auswärtige Verwendung an unser Personal sowie Kosten für Verbindungstransporte mit Motorfahrzeugen)	95 000.–
Total	345 000.–

Der Waffenchef setzte sich jedoch gegenüber der Buchhaltung des Militärdepartementes dafür ein, nicht diesen ganzen Betrag in Rechnung zu stellen: «In bezug auf die Flugstunden wird es sicher verantwortet werden können, einen Teil derselben zu Lasten des normalen Trainings zu nehmen; außerdem ist in dem pro Flugstunde berechneten Ansatz auch die Flugzeugamortisation eingeschlossen, welche in Anbetracht des besonderen Charakters der Aktion wohl ausgenommen werden dürfte.»
Alles in allem kam der Offizier so auf den Vorschlag, für die ganze Hilfsaktion den Betrag von 99 500 Franken in Rechnung zu stellen.

«Am Schwanz so schnell wie der Vampire vorne» – Die Ju-52 als technisches Phänomen

Ein Laie stellt sich unter einem Flugzeug eine komplizierte Maschine von äusserster Raffinesse vor: mit elektronischen Instrumenten im Cockpit, mit Warneinrichtungen für oder gegen alle möglichen Fälle, mit Geräten zur automatischen Überwachung und Steuerung der verschiedensten Organe, und so weiter.
Im Zusammenhang mit der Ju-52 müssen wir diese Vorstellung zur Seite legen. Dieses Flugzeug sollte in seiner ganzen Geschichte nie etwas anderes sein als ein Transportgerät mit der Aufgabe, Personen und Güter möglichst zuverlässig, aber mit dem kleinsten vertretbaren Aufwand von einem Ort zum andern zu befördern. Da sind weder Ästhetik noch technische Raffinesse ein Kriterium, sondern allein die Funktionalität. So verhält es sich mit der Ju-52 genau wie mit dem «Jeep» oder dem «Deux-Chevaux»: Es gibt schnellere Autos, schönere und modernere, aber kaum zweckmäßigere.
In diesem Sinne fragten sich die Junkers-Konstrukteure ganz offensichtlich nie, was sie an zusätzlichen Geräten noch in das Flugzeug einbauen könnten – im Gegenteil. Die Frage war immer: Was können wir weglassen, was vereinfachen, damit das Flugzeug leichter, billiger und wartungsfreundlicher wird?
Die Konstruktion der Ju-52 reflektiert diese Grundhaltung in geradezu perfekter Weise. So gibt es im Cockpit keine Benzinstandsanzeiger; die Instrumente befinden sich unmittelbar über den Tanks auf der Flügeloberfläche – simpler geht's nicht, auch wenn die Piloten nun halt den Kopf drehen müssen, um zu sehen, wieviel Benzin sie noch haben.
Ähnlich die Steuerung des Flugzeuges am Boden. Die Ju-52 kann beim Rollen ausschließlich durch einseitiges Gasgeben und Bremsen gelenkt werden – und letzteres erst noch auf sehr krude Art und Weise. Die Radbremsen werden nämlich mit Druckluft aus mitgeführten Flaschen betätigt. Und weil die entsprechenden Ventile nur die beiden Positionen «Ein» und «Aus» kennen, kann man auch nur entweder voll bremsen oder überhaupt nicht! Kein Wunder, dass es eines speziell feinen Gefühls bedarf, um eine Ju-52 präzis zu rollen und zu parkieren!
Die Ju-52 hat auch keine Seitensteuertrimmung. Beim Ausfall eines der seitlichen Triebwerke müßte die Besatzung deshalb für den Rest des Fluges voll in eines der beiden Seitensteuerpedale treten, um den einseitigen Antrieb auszugleichen – wenn nicht die Junkers-Konstrukteure nicht auch dafür eine geniale Lösung gefunden hätten. Unter dem Steuerrad des Kapitäns gibt es nämlich zwei grosse Hebel, die mit «Linker Motor defekt» bzw. «Rechter Motor defekt» bezeichnet sind. Zieht man an einem der Hebel, so spannt sich ein schlichtes Gummiband, zieht das entsprechende Fusspedal gegen den Piloten und entlastet ihn auf diese Art. (Bei ganz modernen Verkehrsflugzeugen übernimmt diese Aufgabe ein computergesteuerter Autopilot.)
Heizung ist «selbstverständlich» keine vorhanden, dafür ein Anschluß für elektrisch heizbare Piloten-Overalls. Sie werden jedoch schon lange nicht mehr benützt, da die Piloten in den heißen Panzern ins Schwitzen kamen und sich dann einfach nach dem Aussteigen erkälteten. Lange Jahre hatte die Ju-52 auch keinen elektrischen Anlasser; vor dem Start mußte mit einer großen Kurbel bei jedem Motor einzeln ein Schwungrad auf Touren gebracht werden, dessen Energie dann den Motor andrehte.
Und ein letztes, für die Ju-52 bezeichnendes Beispiel noch: Als es sich zeigte, daß sich im Schlechtwetterflug an der Übergangsstelle zwischen den Landeklappen (innen am Flügel) und den Querrudern (außen) mit Vorliebe Eis anzusetzen pflegte, erhielt die Ju-52 nicht eine aufwendige elektrische Enteisungsanlage,

sondern ... einen schlichten Besen an die Stelle montiert, wo die beiden Ruder aneinander grenzen. Wenn sich jetzt wieder Eis zu bilden beginnt, genügen ein paar zügige Querruderausschläge, und die Gefahr ist buchstäblich weggewischt. Kein Zweifel: Primitiver geht's nimmer, aber das System funktioniert.

Ihre «Eisbesen» erhielten die Ju-52 erst in den Werkstätten der Schweiz. Auch in mancher anderen Hinsicht haben sich die Flugzeuge seit ihrer Ablieferung im Jahre 1939 stark verändert.

Die wohl größte Modifikation betraf das Hauptfahrwerk. Im Urzustand waren größere, schmalere und überdies aerodynamisch verkleidete Räder angebracht und zwischen ihnen der schon verschiedentlich erwähnte, abklappbare Maschinengewehrstand. Letzterer wanderte schon unmittelbar nach dem Kauf der Flugzeuge in einen Lagerschuppen (um erst während des Lawinenwinters 1951 wieder kurz zu Ehren zu kommen). Aber auch die Originalräder gingen schon frühzeitig den Weg alles Irdischen: Weil sich in den Felgen immer wieder Risse zeigten, ersetzten Helvetiens Ju-52-Spezialisten sie kurzerhand durch Räder eines französischen Modells. Diese sind nicht verkleidet und kleiner, haben aber den Vorteil, mit Pneus der einstmals sehr verbreiteten Douglas DC-3 versehen werden zu können. Auch das Heckrad ist übrigens nicht originalgetreu: Es ist nichts anderes als das umfunktionierte Bugrad eines Vampire-Kampfflugzeuges. Für die Betreuer der Ju-52 ist dies der unwiderlegbare Beweis dafür, daß ihr Flugzeug «am Schwanz so schnell ist wie der Vampire vorne» ...

Natürlich hat sich auch in Sachen Benützungsvorschriften einiges geändert in den vergangenen 43 Jahren. Lange Zeit mußten sämtliche Passagiere der schweizerischen Ju-52 einen Fallschirm tragen – und zwar auch die Angehörigen des Frauenhilfsdienstes mit ihren Jupes.

Primitiv und genial zugleich: der «Anti-Eis-Besen» zwischen Landeklappe und Querruder.

Oben: Das ist der Grund, warum die Originalräder der schweizerischen Ju-52 schon bald gegen andere ausgetauscht wurden: defekte Felgen, die immer wieder auch die Pneus beschädigten. – Unten: Jedesmal mußte auf mühsamste Art das Rad aufgebockt und eine neue Felge eingesetzt werden.

Dies warf bisweilen kleinere Probleme auf, weil die Fallschirmgurten eigentlich für «Hosenträger» gedacht sind. Erst als die Schweizer Armee mit Fallschirmgrenadieren zu experimentieren begann und dabei feststellte, daß man realistischerweise nur von einem Profi erwarten kann, aus einer fliegenden Ju-52 auszusteigen, wurde dieser alte Zopf abgeschnitten.
Dafür trat eine andere Regel erst in Kraft, als es genaugenommen schon zu spät war. Die Rede ist hier von den wasserdichten Papiertüten, für die man allerlei diskrete Namen kennt, nur keinen wirklichkeitsnahen. Obwohl die Ju-52 bezüglich Flugkomfort anerkanntermaßen nicht zur Luxusklasse gehört, dachte jahrzehntelang niemand daran, solche Säcke mitzuführen! Erst als einmal die Uniform eines hohen Offiziers durch einen diesem gegenübersitzenden Fluggast arg besudelt wurde, kam ein Mechaniker auf die Idee, die Swissair um einige Dutzend der bewußten Säcke anzubetteln. (Heute gehören sie, künftigen Ju-52-Passagieren zum Trost, zur festen Ausrüstung des Flugzeuges.)
Bei ihrer Ablieferung Anno 1939 waren die schweizerischen Ju-52 grün bemalt. Daran änderte sich lange Zeit nichts, außer dem sogenannten Neutralitätsanstrich (riesiges Schweizerkreuz plus rot-weiße Streifen), der während des Krieges aus Gründen der Sicherheit angebracht wurde. 1951 kamen die Flugzeuge zum erstenmal in die große Revision, wurden bei dieser Gelegenheit abgelaugt und blieben fortan blank. Nicht lange jedoch, denn bald stellten sich Korrosionsschäden ein. In Zusammenarbeit mit Experten der Swissair fanden die Ju-52-Betreuer dann aber eine Lösung auf der Basis eines Zweikomponenten-Lackes. Heute sind zwei der drei Flugzeuge (A-701 und A-703) auf diese Weise konserviert und somit gegen weiteren Zerfall gesichert. Das dritte Flugzeug mit dem Kennzeichen A-702 erhielt im Zusammenhang mit Filmeinsätzen, von

denen im folgenden Kapitel die Rede sein wird, einen Tarnanstrich, wie ihn die deutsche Kampffliegerschule Thorn in den Jahren 1942 bis 1944 als Winterbemalung verwendete.
Eine weitere Veränderung ihres Erscheinungsbildes hatten die Ju-52 in der unmittelbaren Nachkriegszeit hinzunehmen: die Kennzeichnung mit zivilen Immatrikulationen. Statt A-701, A-702 und A-703 hießen sie zwischen 1947 und 1959 HB-HOS, HB-HOT und HB-HOP. Der Grund: Ein ziviles Flugzeug kann problemlos ins Ausland fliegen, für Militärmaschinen ist dagegen jedesmal ein Papierkrieg nötig. Durch die «Zivilisierung» der Ju-52 wurden die zahlreichen Auslandflüge erleichtert, welche 1947 mit den erwähnten «KTA-Einkaufsreisen» nach Deutschland begannen und später mit den England-Exkursionen ihre Fortsetzung fanden.
Ein ähnlicher Grund steckt übrigens auch hinter der abermaligen Neukennzeichnung an der Schwelle zur neuen «Rundflugkarriere» der Ju-52: Gewerbsmäßige Flüge (um solche handelt es sich bei den vorgesehenen Rundflügen) dürfen nur mit entsprechend zugelassenen Flugzeugen ausgeführt werden, und das ist nach den bestehenden Bestimmungen nur möglich, wenn diese zivilen Charakter haben (und daneben noch eine ganze Reihe von weiteren Bedingungen erfüllen).

Ende 1981, kurz vor ihrer militärischen Ausmusterung, unternahmen die drei Ju-52 einen großen, gemeinsamen «Abschiedsflug». Dieses Bild gehört vermutlich endgültig der Vergangenheit an: Für den zivilen Einsatz sind nämlich vorerst nur zwei Maschinen vorgesehen.

A-701
A-702

Die Ju-52 in Zahlen

(Technische Daten der *schweizerischen* Ju-52; nicht für alle Versionen des Flugzeuges gültig)

Genaue Typenbezeichnung	Ju-52/3mg4e
Hersteller	Junkers Flugzeugbau, Dessau/Deutschland
Baujahr	1939
Kennzeichen	
– Bis 1947 sowie 1959 bis 1982	A-701, A-702, A-703
– Zwischen 1947 und 1959 sowie ab 1982	HB-HOS, HB-HOT, HB-HOP
– Preis inklusive Ersatzteile zusammen 1 160 000 Franken	

Triebwerk

Drei Neunzylinder-Viertakt-Sternmotoren BMW 132 A/3 (Lizenz Pratt & Whitney) mit einer Nennleistung von je 660 PS bei 1750 U/min. Zweiblatt-Metallpropeller, am Boden verstellbar. Treibstoffverbrauch 3 × 140 l/Std.

Abmessungen	
Spannweite	29,25 m
Länge	18,90 m
Höhe	6,10 m
Flügelfläche	110,5 m²
Flügelstreckung	7,74:1

Gewichte	
Rüstgewicht	6 590 kg
Nutzlast	1 800 kg
Treibstoff-Fassungsvermögen max.	2 500 l
Zuladung (inkl. Treibstoff, Piloten usw.)	3 910 kg
Max. Startgewicht	10 500 kg
Flächenbelastung	95,02 kg/m²
Leistungsbelastung	5,3 kg/PS

Flugleistungen	
Höchstgeschwindigkeit	260 km/h
Reisegeschwindigkeit	190 km/h
Landegeschwindigkeit	110 km/h
Maximale Steiggeschwindigkeit	4,0 m/sec
Dienstgipfelhöhe	5100 m ü.M.
Maximale Flugdauer	6 Stunden
Reichweite	1200 km
Startrollstrecke	400 m
Landerollstrecke	350 m

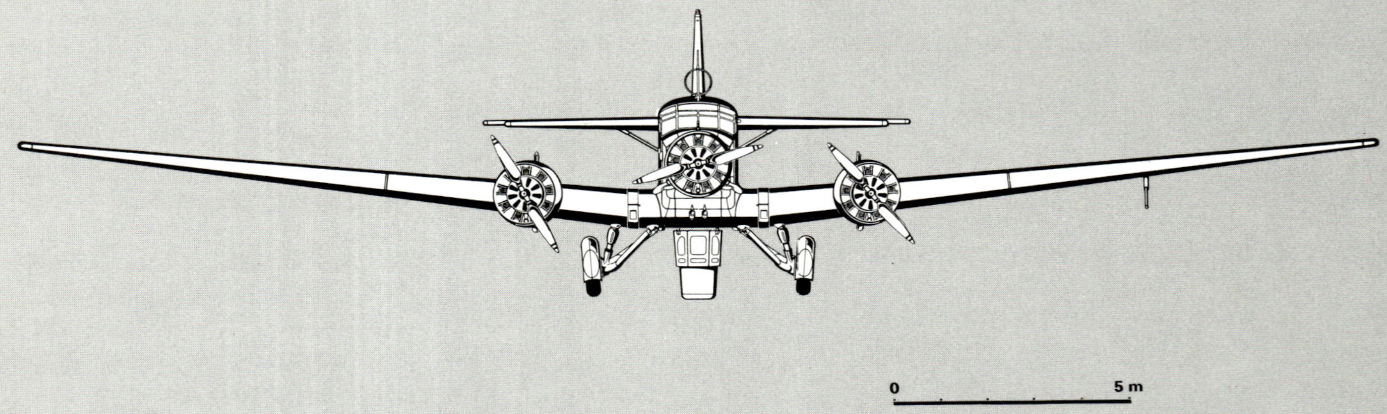

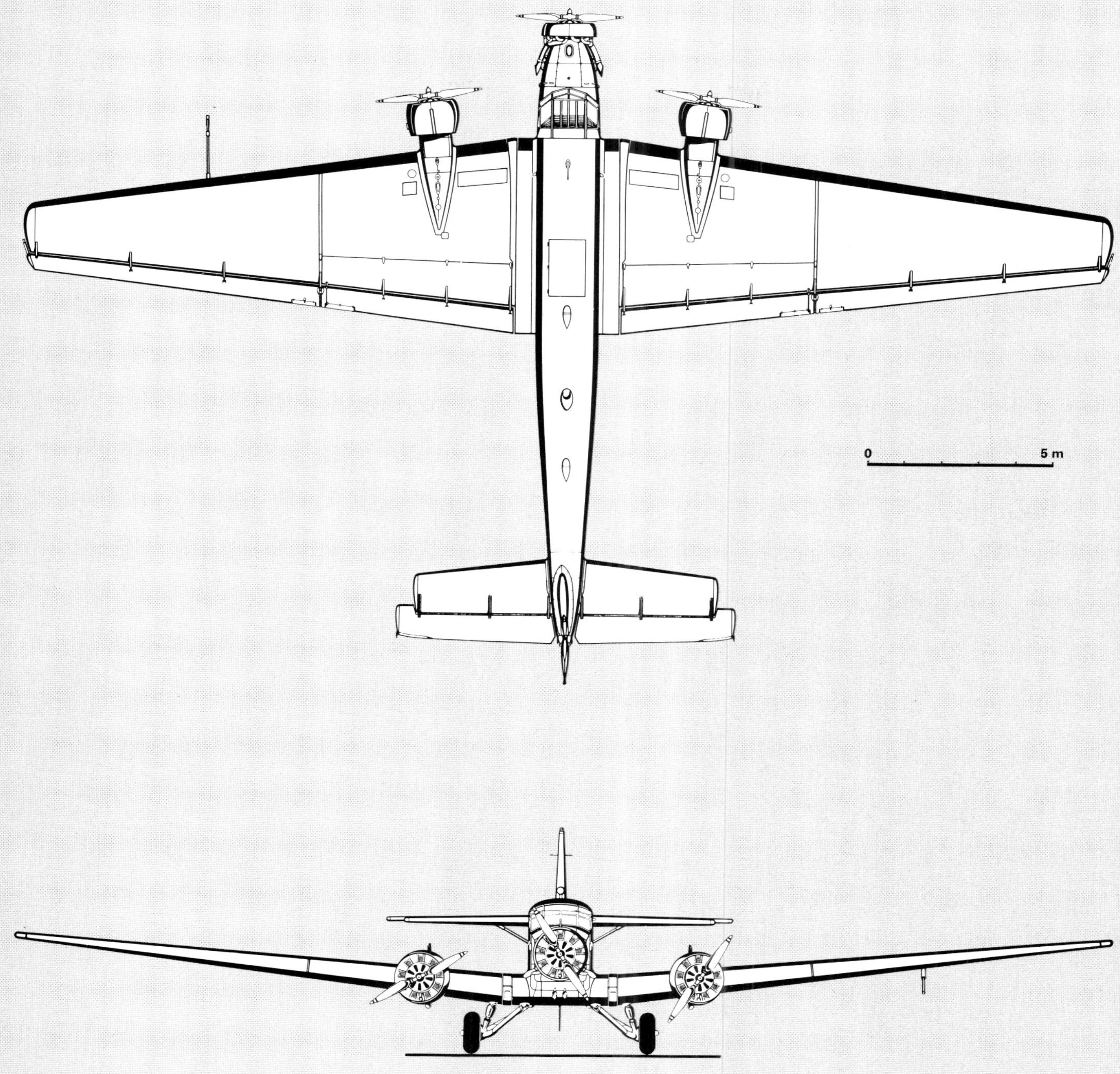
0
5 m

Vor dem Anlassen müssen die Propeller zehnmal durchgedreht werden, um allfällige Ölansammlungen in den unteren Zylindern zu beseitigen. Die Arbeit erfordert einiges an Kraft; eine Holz-Leder-Peitsche ermöglicht es, die hochgelegenen Propellerblätter «heranzuholen».

Heute werden die Triebwerke der Ju-52 elektrisch angelassen. Früher mußten die Mechaniker jedoch mit einer Kurbel ein Schwungrad andrehen, das dann den Motor anwarf. Alois Nigg hat diesen «Chrampf» für den Fotografen noch einmal nachvollzogen.

Versionen der Ju-52 (nur dreimotorige Ausführungen)

Ju-52/3mce: erste Version, Verkehrs- und Transportflugzeug.
Ju-52/3mho: Version mit drei Dieselmotoren Junkers Jumo L.5.
Ju-52/3mg3e: erste eigentliche Militärversion. Vier Mann Besatzung, bewaffnet mit zwei Maschinengewehren. Gebaut ab 1934.
Ju-52/3mg4e: verbesserte Transportausführung mit verstärktem Kabinenboden und erhöhter Nutzlast. Erstflug 1935. Die Schweizer Flugzeuge sind von dieser Version.
Ju-52/3mg5e: Ausführung mit stärkeren Motoren.
Ju-52/3mg6e: Spezialausführung mit verbesserter Radioausrüstung. Wurde auch (mit großer ringförmiger Antenne unter dem Rumpf) als Minenräumer eingesetzt.
Ju-52/3mg7e: Diese Variante wurde in größter Zahl hergestellt. Sie ist mit einem Autopiloten und anderen Verbesserungen versehen.
Ju-52/3mg8e, 10e und 12e: Ausführungen mit geringfügigen Verbesserungen.

Insgesamt wurden knapp 5000 Ju-52 der verschiedenen Versionen gebaut, davon für militärische Verwendung im Jahre

1939	145 Stk.	1942	503 Stk.
1940	388 Stk.	1943	887 Stk.
1941	502 Stk.	1944	379 Stk.

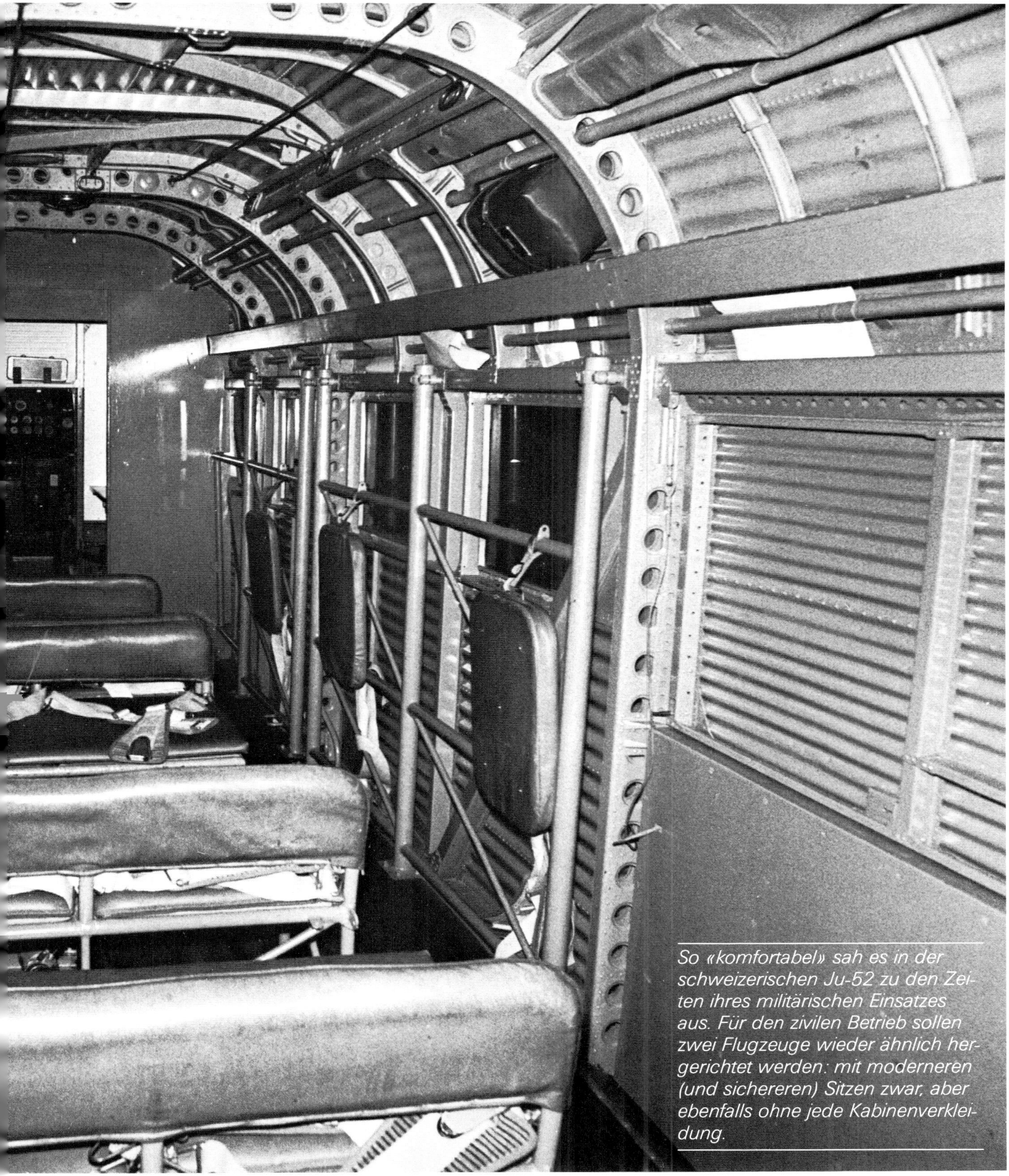

So «komfortabel» sah es in der schweizerischen Ju-52 zu den Zeiten ihres militärischen Einsatzes aus. Für den zivilen Betrieb sollen zwei Flugzeuge wieder ähnlich hergerichtet werden: mit moderneren (und sichereren) Sitzen zwar, aber ebenfalls ohne jede Kabinenverkleidung.

Obwohl die schweizerischen Ju-52 noch weitgehend originalgetreu sind, hat sich ihr Cockpit in den vergangenen 43 Jahren spürbar verändert. Das linke Bild zeigt die Cockpiteinrichtung bei der militärischen Außerdienststellung Ende 1981, das rechte den Zustand vor rund 40 Jahren.
Auf dem linken Bild sind folgende Instrumente und Bedienungselemente erkennbar: zuoberst in der Mitte, über dem eigentlichen Instrumentenbrett: zwei Radiokompaß-Anzeiger; darunter, in der obersten Reihe, von links: Uhr, Drehzahlmesser für linkes, mittleres und rechtes Triebwerk, zweite Uhr; mittlere Reihe, von links: Ölaustrittstemperatur der drei Triebwerke und Öldruck der drei Triebwerke; untere Reihe, von links: Öleintrittstemperatur der drei Triebwerke und Benzindruck der drei Triebwerke; darunter links (halb verdeckt): Bremsdruck und Druck des Preßluftvorrats; zwischen Instrumentenblock und rechtem Steuer, von oben nach unten: Wendezeiger, Geschwindigkeitsmesser, Variometer; vom rechten Steuer halb verdeckt: Horizont und Kreiselkompaß; ganz rechts außen: Höhenmesser, Vakuum-Anzeige; vom linken Steuer halb verdeckt: Horizont, Kreiselkompaß, Variometer, Fernkompaß.

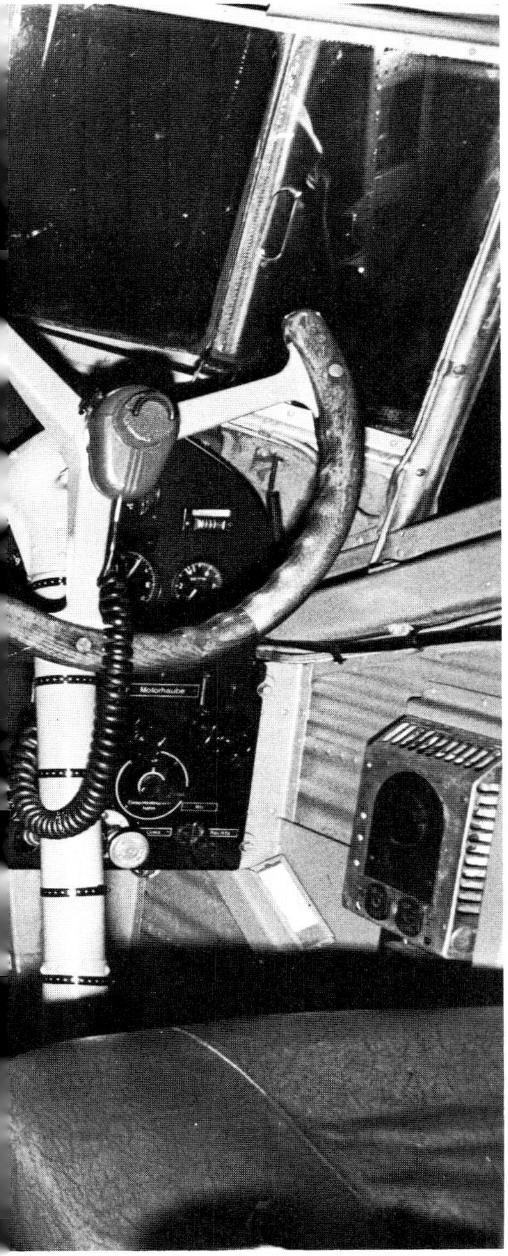

Unterhalb des Instrumentenbrettes: unter dem linken Steuer einer der beiden Hebel für die Gummizug-Seitentrimmung. Im Bedienungsblock (von links) die drei Gashebel, darunter die drei Hebel für die Gemischregulierung, darunter die Parkbremse. Am Spiralkabel eine Handlampe. Rechts davon die drei Kraft- und Schmierstoffregler, davor (horizontal) der Tankwählschalter. Das runde Gerät ist ein Magnetkompaß. Unter dem rechten Steuer die Flasche mit der Brems-Preßluft, darüber verschiedene Bedienelemente für Ölkreislauf und Triebwerkstart. Ganz rechts außen, an der Bordwand, der Kasten mit dem elektrischen Anschluß für die Kombi-Heizung.
Im Zusammenhang mit dem zivilen Einsatz sind inzwischen zusätzlich einige Funk- und Funknavigationsgeräte eingebaut worden.

Das rechte Bild zeigt den früheren Zustand. Ein Teil der heute in der Mitte zusammengefaßten Instrumente befindet sich rechts. Bemerkenswert die riesige Funkeinrichtung neben dem rechten Sitz sowie das runde Kurbelgehäuse unter dem Fenster: Es ist über eine flexible Welle mit einer Dachantenne verbunden, die mit der Kurbel zwecks Peilung gedreht werden kann.

Die Ju-52 in voller Fahrt. Deutlich sichtbar sind die Querruder an den Aussenflügeln, zur Erhöhung der Wirksamkeit durch einen Spalt vom Rest des Flügels getrennt.

Aus der Sicht der Piloten sticht der dritte Motor am Rumpfbug besonders hervor. Die Cockpitfenster lassen sich während des Fluges ohne weiteres öffnen – bei schnelleren Flugzeugen ist das unmöglich.

BMW

Oben: Liebevolle Pflege während 43 Jahren erhielt die schweizerischen Ju-52 am Leben. Nur so ist es zu erklären, daß die Flugzeuge heute noch – als einzige Maschinen dieses Typs auf der Welt – mit den Originalmotoren aus dem Jahre 1939 ausgerüstet sind. – Unten: Das Signet der Motorherstellerin BMW in der Mitte eines makellos geputzten Ju-52-Triebwerks.

Er kennt die Ju-52 wie kaum ein zweiter: Alois Nigg betreut die Flugzeuge seit 1949.

Für die Besatzungen war über all die Jahrzehnte jeder Flug mit der Ju-52 ein Erlebnis. Und «Besatzungen» heißt hier: Piloten und Mechaniker. Denn die Ju-52 wurde im militärischen Einsatz von einem Piloten und einem Mechaniker bedient. Der Pilot flog, der Mechaniker bewegte das Flugzeug (in der Mitte zwischen den beiden Cockpit-Sitzen stehend) am Boden, bediente in der Luft die Triebwerke und wirkte im übrigen als eine Art Copilot. Man muß sich vor Augen halten, daß die meisten Ju-52-Piloten diesen Vogel nur selten steuerten und entsprechend wenig Routine hatten. Da waren die Mechaniker – allen voran die beiden Veteranen Franz Schraner und Alois Nigg, welche die Ju-52 jahrzehntelang betreuten und als ihre eigentlichen Ziehväter bezeichnet werden können – automatisch mehr als «nur» Mechaniker; sie waren, wie Altpilot Kurt Frey beteuert, «die eigentlichen Retter der Ju-52. Ohne die Mechaniker wären wir Piloten oft völlig ‹verschossen› gewesen.»

Aber auch mit ihrer Hilfe hatte mancher Flieger Mühe, die eigenwillige Tante unter Kontrolle zu halten. Es fing mit Kleinigkeiten an. So bekundeten junge Piloten bei der Umschulung oft Schwierigkeiten, die Ju-52 im Landeanflug geradezuhalten. Grund: Von anderen Flugzeugen her waren sie gewöhnt, den vor ihnen liegenden Motor als Visier für den Anflug auf die Landepiste zu benützen. Weil im Cockpit der Ju-52 aber zwei Mann nebeneinandersitzen, ist der Propeller für jeden einzelnen seitlich versetzt. Ein kleines Handicap, das aber manchem Flugschüler, wie sich alte Instruktoren erinnern, echtes Kopfzerbrechen bereitete.

Schwerwiegender war da schon eine andere Charaktereigenschaft der Ju-52: die Tatsache nämlich, daß man bei der Landung, wenn die Motoren vom langen Sinkflug abgekühlt sind, unter keinen Umständen abrupt Gas geben darf, da sonst plötzlich gar nichts mehr geht. Ein Flugschüler erlebte das Anno 1965 einmal auf drastische Weise: Er sollte die A-703 nach einem Landeanflug in Dübendorf durchstarten. Unvorsichtigerweise gab er aber zu schnell Gas, worauf der linke Motor unverzüglich den Dienst quittierte. Eine Schrecksekunde der Untätigkeit genügte in der Folge, um den schweren Vogel seitlich ausscheren und geradewegs in die Radaranlage rasen zu lassen. Die 16 Tonnen schwere Konstruktion wurde um 20 cm verschoben, der linke Flügel der Ju-52 um 5,4 Meter verkürzt und die Besatzung arg durch-

Links: *Stimmungsbild, vom Copilotensitz aus aufgenommen.*

Oben: *Ein trauriger Anblick: die Ju-52 nach der Kollision mit der Antenne des Landeradars in Dübendorf. Doch der Schaden konnte behoben werden; das Flugzeug fliegt wieder!*

einandergeschüttelt, aber glücklicherweise nicht ernsthaft verletzt. Den Fachleuten der Flug- und Fahrzeugwerke Altenrhein gelang es später, den beschädigten Flügel nach dem Vorbild des noch intakten wieder aufzubauen; er ist seither zwar rund 80 Kilogramm schwerer als vor dem Unfall, aber trotz des Ungleichgewichts fliegt das Flugzeug erstaunlicherweise immer noch schön geradeaus!

Der Vorfall von 1965 war der gefährlichste in der langen Karriere der schweizerischen Ju-52, aber nicht der einzige. Verschiedene kleinere Narben deuten auf unsanfte Kontakte mit unvorsichtig manövrierten Schlepptraktoren; eine Landeklappe weist eine Reparaturstelle auf, nachdem während des Krieges einmal ein schweizerischer Fliegerabwehrsoldat einen unvorsichtigen 20-mm-Schuß abgab; und einer der schweizerischen Ju-52-Flügel ist «Made in France», weil das deutsche Original zerstört wurde, als im Laufe einer Revision bei den Pilatus-Flugzeugwerken im Jahre 1951 ein Kleinflugzeug C-36, das mit einem Kran verschoben werden sollte, auf die Ju-52 hinunterfiel.

Im ganzen sind dies aber doch erstaunlich wenig Zwischenfälle für mehr als vier Jahrzehnte Einsatz. Das ist wohl darauf zurückzuführen, daß die Ju-52 zwar gewisse fliegerische Ansprüche stellt, anderseits aber auch eine Menge verzeihen kann.

«Fabrikationsmonat 7.39»: Typenschild an einer schweizerischen Ju-52.

Stilleben: die Front eines der drei BMW-Sternmotoren der Ju-52.

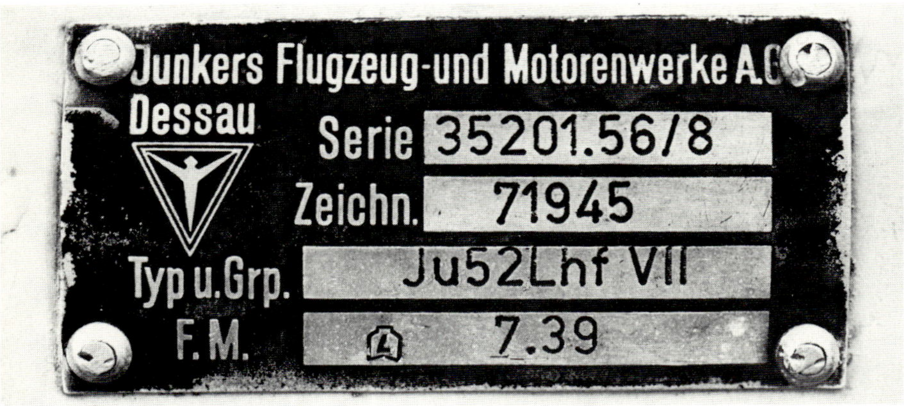

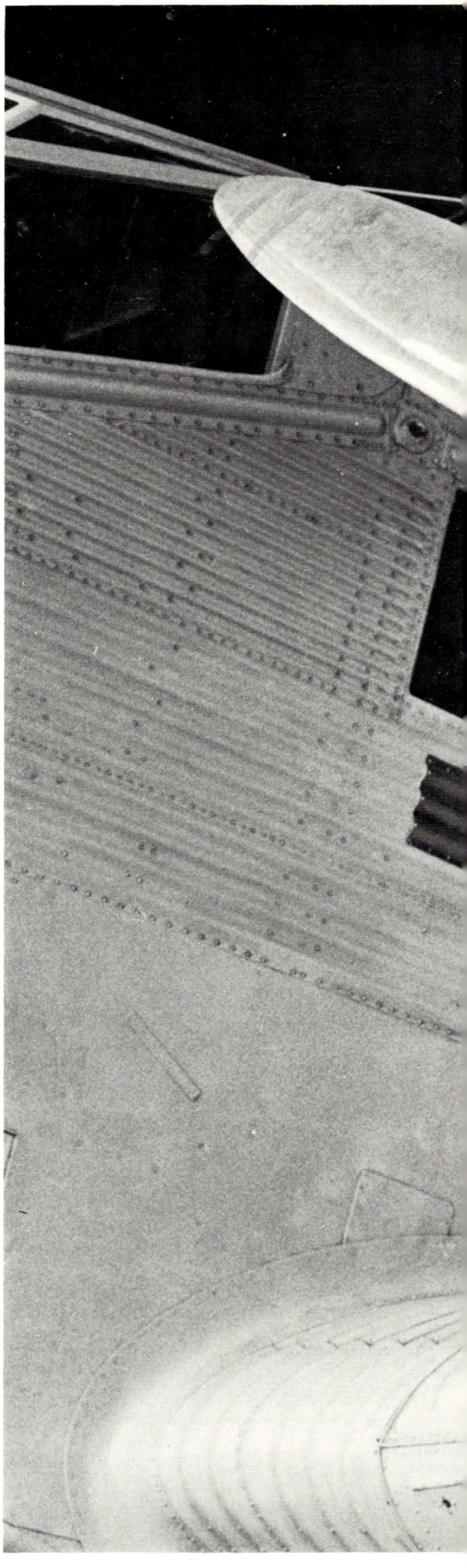

Der heutige Zustand der Flugzeuge

A-701/HB-HOS
Erstes Flugzeug für den zivilen Einsatz. Wurde in den sechziger Jahren mit Kabinen-Schalldämpfung und einem aus 14 alten DC-3-Sitzen und Schalldämpfung bestehenden «Luxus-Interieur» ausgerüstet und hauptsächlich für Flüge mit wichtigen Gästen verwendet. Mit Schutzanstrich versehen.

A-702 (zeitweise HB-HOT)
Mit Tarnanstrich versehen, aber nicht konserviert. Müßte vor Aufnahme des zivilen Betriebs neu lackiert werden, was vorläufig nicht vorgesehen ist. An der rechten Rumpfseite Signalkorb für Leuchtraketen zur Beleuchtung des Landeplatzes. Kabine mit militärischen Originalsitzen ausgestattet.

A-703 (zeitweise und in Zukunft HB-HOP)
Soll als zweite Einheit zivil eingesetzt werden. Mit silbergrauem Schutzanstrich versehen. Original-Interieur nicht mehr vorhanden; wird mit 18 Passagiersitzen ausgestattet. Laderampe rechts mit zusätzlichen Aussparungen, welche es ermöglichten, die sperrigen Vampire-Triebwerke zu verladen. Einrichtung für Maschinengewehrstand noch vorhanden.

Allen drei Flugzeugen gemeinsam sind gewisse Probleme mit den Triebwerken, die sich jedoch nicht auf die Betriebssicherheit auswirken. Auch bei den Motoren handelt es sich um Originalexemplare aus dem Jahre 1939. Ersatzteile sind natürlich nicht mehr erhältlich, und so müssen denn abgenützte Teile durch eigens in Handarbeit angefertigte Nachkonstruktionen ersetzt werden, was mit hohen Kosten verbunden ist. Da heute auch ein anderes Flugbenzin verwendet wird als zu den Zeiten des Zweiten Weltkriegs, sind Ventile, Kolben und Zylinder einer erhöhten Abnützung unterworfen, das heißt, die Motoren müssen in kürzeren Zeitabständen revidiert werden – auch dies ein Kostenfaktor. Durch Aufchromen der Kolben und Zylinder hofft man jetzt deren Betriebsdauer erhöhen und die Revisionskosten in vertretbaren Grenzen halten zu können.

So häßlich die Ju-52 ist, so fotogen ist sie: Ein Flug über den Wolken ist mit diesem Flugzeug ein besonderes Erlebnis.

Jeder langjährige Ju-52-Pilot kann Erlebnisse erzählen, in denen ihn das treue Flugzeug aus einer verfahrenen Situation rettete. Mit welchem anderen Typ kann man, wenn man von schlechtem Wetter eingeschlossen ist, schon stundenlang im Tiefstflug über einem Dorf kreisen und seelenruhig eine Wetterbesserung abwarten? («Kein Problem», erzählt der betreffende Pilot, «denn mit der Ju-52 kann einem in der Schweiz der Most nie ausgehen.») Mit welchem anderen Flugzeug kann man bei einem Föhnsturm von Norden her den Brünigpaß anfliegen und erst umkehren, wenn man gewahr wird, daß man vor lauter Gegenwind rückwärts fliegt? (Der Pilot: «Nach der Wendekurve ging's dafür wie in einer Rakete nordwärts.»)

Kein Wunder, daß die Ju-52 auch immer wieder für allerlei Scherzchen herhalten mußte. Beliebt war beispielsweise das «Funkerspiel». Es wurde mit Vorliebe von Militärpiloten gespielt, die per Ju-52 von einem Flugplatz zum andern verschoben wurden. Meist saß dabei der höchste Offizier im Beobachterraum hinter dem Cockpit, wo auch die Funkgeräte untergebracht sind. Unterwegs schlich sich einer der «Passagiere» zum Ersatz-Funkgerät im Hinterrumpf, und dann begann das Spiel: Wie lange kann man den Chef durch immer wiederkehrende Positionsanfragen einer angeblichen, in Wirklichkeit aber selbstverständlich nicht existierenden Bodenstelle nerven, ehe er es merkt?

Oder dann das «Tauchspiel»: Unterwegs schleichen sich alle Passagiere langsam und einer nach dem andern in den hinteren Teil des Rumpfes. Die Besatzung merkt von der entsprechenden Verlagerung des Schwerpunktes nichts, da diese langsam vor sich geht und vom Piloten gewissermaßen automatisch immer wieder durch Nachtrimmen ausgeglichen wird. Wenn alle ganz hinten sind, gibt einer ein Kommando, und jetzt rennt die ganze Gruppe nach vorn, um sich im Cockpit «nach dem Verlauf des Fluges zu erkundigen». Mit dem Resultat natürlich, daß die arme Ju-52, mit einem Schlag kopflastig geworden, in einen unsanften Sturzflug übergeht. «Glauben Sie mir», erzählt einer der «Übeltäter», «bei dieser Gelegenheit habe ich einmal einen sehr bleichen Ju-52-Piloten gesehen!»

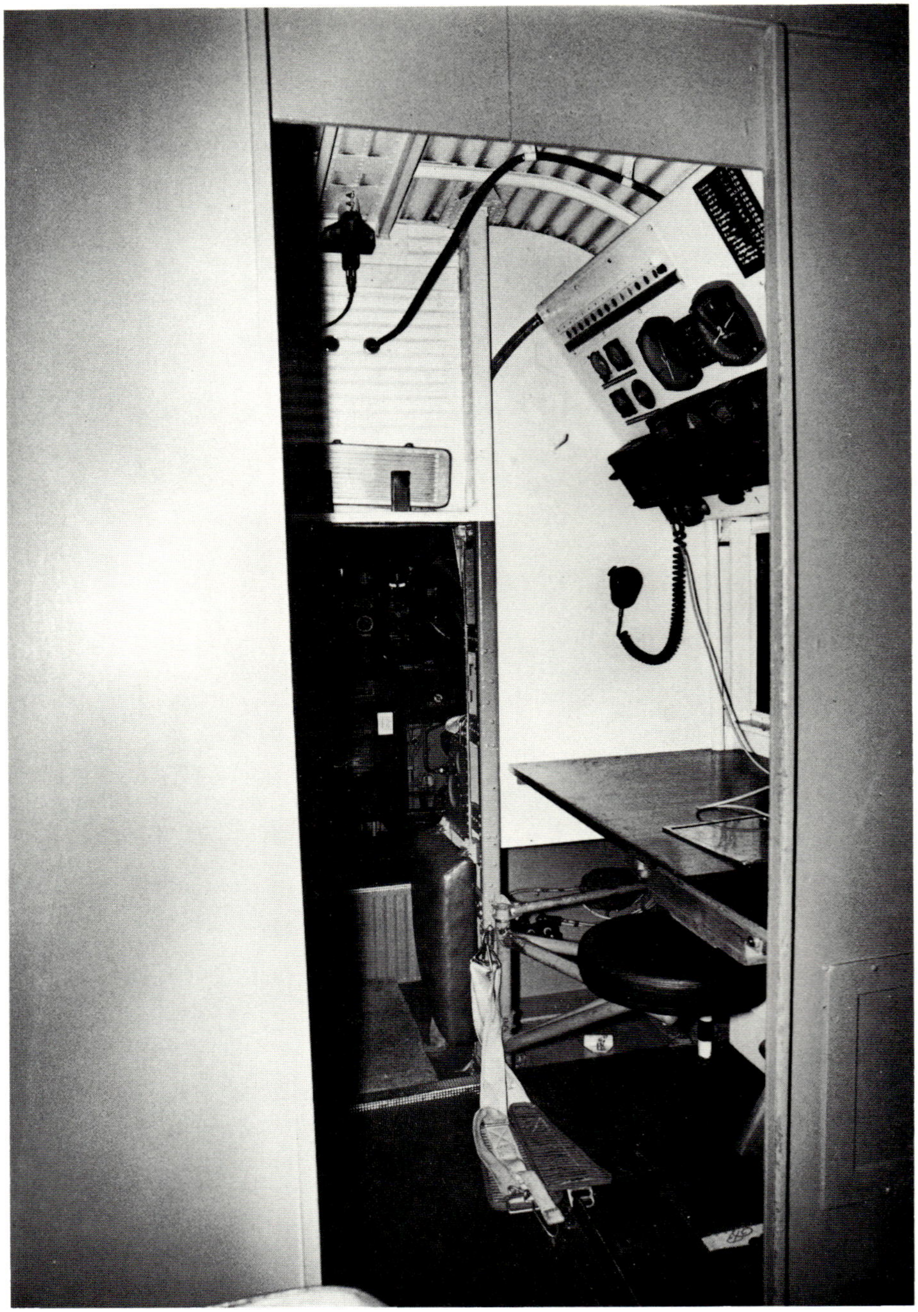

Als eine Art Relikt aus früheren Zeiten findet sich hinter dem Cockpit der schweizerischen Ju-52 immer noch ein Funkerraum. Er soll später beseitigt werden, um einigen zusätzlichen Passagiersitzen Platz zu machen.

Die grossen Auftritte einer Filmdiva

Angenommen, ein amerikanischer Astronaut reist in die Schweiz, um dem Verkehrshaus in Luzern einen Besuch abzustatten. Wie befördert man ihn wohl standesgemäß vom Flughafen Kloten in die Innerschweiz? – Richtig: mit der Ju-52.
Und so wickelte sich die Sache tatsächlich ab. 1978 war Charles «Pete» Conrad, mehrfacher Weltumkreiser und Mitglied der zweiten Apollo-Besatzung, die auf dem Mond landete, Ehrenpassagier an Bord einer schweizerischen Ju-52. Pilot Kurt Frey erinnert sich: «Für uns war es natürlich eine Ehre, einen solchen ‹Superpiloten› an Bord zu haben, und wir taten alles, um ihm eine richtige Show zu bieten.» Deren erster Teil gelang vorzüglich: Enge Formationen der Ju-52 mit den Begleitflugzeugen machten dem Astronauten sichtlich Eindruck. Dann kam die Landung auf dem Militärflugplatz Emmen; auch sie sollte eine Prachtleistung werden – und ging, so Frey nach eigenem Eingeständnis, «total daneben; aus dem Bluff wurde eine Blamage, die schlechteste Landung meiner ganzen Ju-52-Karriere»!
Alles in allem ein durchaus gedämpfter Erfolg also. Aber es war ja nicht der einzige «große Auftritt» der Ju-52; seit dieser Vogel rar zu werden begann, verging kein Jahr ohne öffentliche Auftritte. Und immer war die Ju-52 der Star des Anlasses.
Das gilt natürlich für die zahlreichen schweizerischen Flugmeetings landauf, landab, an denen zumindest ein Überflug des brummenden Flugzeuges schon fast zum Minimalprogramm gehörte.
Den ganz großen Erfolg heimste die Ju-52 aber jeweils im Ausland ein, besonders natürlich in Deutschland, wo unzählige ehemalige Kriegsteilnehmer mit diesem Flugzeugtyp ihre ganz persönlichen Erinnerungen verknüpfen. Als eine Maschine im Jahre 1972 einen Sonderflug zum 50-Jahr-Jubiläum der ersten schweizerischen Ausland-Fluglinie nach Nürnberg ausführte, wurde die Besatzung «empfangen, als wären wir Astronauten». Und bei den zahlreichen Publikumstagen auf Nato-Stützpunkten, zu denen die alten Vögel aus der Schweiz eingeladen wurden, war regelmäßig die Ju-52 der Star, der auch den modernsten Überschalljäger mühelos ausstach.
Richtig Karriere machte die Ju-52 aber als Hauptdarsteller in mehreren Filmen. Es ist tatsächlich kaum möglich, einen Film über die deutsche Armee im Zweiten Weltkrieg zu drehen, ohne daß darin eine Ju-52 eine Rolle spielt. Und weil die schweizerischen Flugzeuge dieses Typs seit vielen Jahren die einzigen sind, welche äußerlich in jeder Hinsicht dem deutschen Weltkriegs-Original entsprechen – alle übrigen flugtüchtigen Ju-52 sind mit neueren Motoren von deutlich unterschiedlichem Aussehen ausgerüstet –, gelangten immer wieder Filmgesellschaften mit der Bitte an die schweizerischen Militärbehörden, ihnen eines ihrer Flugzeuge zu leihen.
Diesem Wunsch wurde oft entsprochen, erstmals Anno 1958. Damals wurde der Film «Hunde, wollt ihr ewig leben?» gedreht, der das Schicksal der bei Stalingrad eingekesselten deutschen Truppen zum Thema hat. Die A-702 – seither immer wieder die «Filmdiva» unter den schweizerischen Ju-52 – erhielt ihre charakteristische Kriegsbemalung und flog nach Samedan im Engadin, wo die Fliegerszenen des Films realisiert wurden. Dabei ging es unter anderem darum, daß der Hauptdarsteller sich in letzter Verzweiflung an das bereits Richtung Heimat startende Flugzeug klammern, den Halt verlieren, auf das Höhensteuer prallen und dabei «umkommen» sollte. Es war keine einfache Szene, und die Handlung stellte höchste Ansprüche an Darsteller und Flugbesatzung. Aber alles klappte vorzüglich.
Als kleines Detail sei erwähnt, daß während dieser Dreharbeiten am Flugplatz Samedan der ganze Bildhintergrund eingenebelt werden mußte; der Zuschauer sollte sich ja im wirklichen Stalingrad wähnen und nicht in der prachtvollen Gebirgswelt des Engadins . . .
Nur zwei Jahre nach diesem ersten großen Filmeinsatz, also 1960, kam die A-702 wieder zu Zelluloid-Ehren, diesmal in dem Streifen «Spionage auf Befehl».

NOTFALL
RESCUE
24 49

Links oben: US-Astronaut Charles Conrad flog 1978 mit einer Ju-52 – und erlebte eine der schlechtesten Landungen! – Links: An ausländischen Flugtagen war die Ju-52 regelmäßig Ehrengast und Hauptattraktion. Das häßliche Runzelflugzeug stahl modernen Überschalljägern (im Vordergrund eine F-104G Starfighter) schon oft die Schau.

Oben: Auf ihren Auslandflügen wurden die Ju-52 häufig von jüngeren Kolleginnen eskortiert und zur Landung geleitet – eine Art fliegerischer Ehrenbezeugung. Auf diesem Bild leistet ein Transporter des Typs Transall C.160 den «Geleitschutz».

«Adolf Hitler» als Gast in einer zum deutschen Vorkriegs-Verkehrsflugzeug umfunktionierten schweizerischen Ju-52 – einer der zahlreichen Filmeinsätze.

Und ein anderer Filmeinsatz: die unvergeßliche Rolle in der TV-Blödelserie «Die himmlischen Töchter» mit der Hauptdarstellerin Ingrid Steeger.

Zu den angenehmeren Aufgaben der Ju-52 gehörten Flüge mit Behinderten, hier mit den Mitgliedern des Rollstuhlklubs Uster (23. August 1980). Aber auch für Reklame wurde die «alte Tante» immer wieder beigezogen. Vor seiner Abreise zu einem internationalen Schlagerfestival posierte das Gesangstrio Peter, Sue & Marc für dieses Bild.

Für den Film «Agenten sterben einsam» wurde eine schweizerische Ju-52 «in eine deutsche Nazi-Uniform gesteckt». Während einiger Zeit rastete das Flugzeug in seinem Dübendorfer Hangar friedlich neben seinen «echt schweizerischen» Schwestern – einmal sogar zwischen zufällig dort exerzierenden Schweizer Soldaten!

9
CN
4V

9
CN

Seine größte Filmrolle spielte das Flugzeug freilich erst im März 1968, als es für den Film «Agenten sterben einsam» engagiert wurde. Einen vollen Monat dauerten die Dreharbeiten für diese Metro-Goldwyn-Mayer-Produktion. Flugzeug und Besatzung waren in Salzburg stationiert; eigentlicher Drehort war jedoch der österreichische Militärflugplatz Aigen, zu Zeiten des Dritten Reiches der erste deutsche Militärflugplatz mit unterirdischen Flugzeughangars und für diesen Film wieder weitgehend in den «Originalzustand» zurückversetzt.
«Dieser Salzburg-Einsatz war strenger als alles, was ich je im Militär erlebt habe», erinnert sich Pilot Gottlieb Amsler. «Jeden Tag um 5 Uhr früh verließen wir Salzburg. Um 8 Uhr 30 gab es in Aigen das Frühstück, und um präzis 9 Uhr wurde aufgrund der Wetterberichte das Tagesprogramm festgelegt, das dann minuziös eingehalten werden mußte.»
Aber es war nicht nur harte Arbeit, sondern auch ein Vergnügen für die Beteiligten. In einem Dankesschreiben des Film-Aufnahmeleiters an die zuständigen schweizerischen Militärbehörden stehen die Sätze: «Es war eine kleine Sensation am Salzburger Flughafen (als die Ju-52 landete. Der Verf.), und jeder, der da am Flughafen ist, findet alle zehn Minuten einen Grund, in den Hangar zu gehen, um die schöne Maschine zu bewundern ... Die Mitarbeit Ihres Personals, ihr Elan und ihre Begeisterung waren für mich wie ein Hauch frischer Bergluft. Ich wünschte nur, ich könnte eine solche Begeisterung für die Sache von jedem einzelnen *meiner* Mitarbeiter erwarten.»
Natürlich war die Ju-52 für diese Filmrolle mit einem entsprechenden Make-up versehen, das aus absolut vorbildgetreuer deutscher Kriegsbemalung inklusive Hakenkreuz auf der Heckflosse bestand. Dieses Hakenkreuz sollte noch zu reden geben. Auch für «Agenten sterben einsam» mußten nämlich einige Szenen nachträglich in Samedan gedreht werden. Und weil man dazwischen das Flugzeug nicht zweimal neu spritzen wollte, flog die Besatzung kurzerhand im deutschen Kriegskleid zunächst nach Dübendorf und später weiter nach Samedan. So kam es, daß 23 Jahre nach dem Ende des Zweiten Weltkriegs ein deutsches «Nazi-Kriegsflugzeug» unbehelligt von Salzburg nach Dübendorf flog, hier einige Zeit im Freien parkiert war und später sogar noch bis nach Samedan «vordrang» – ein Vorgang, der einige Telefonate erschreckter Bürger zur Folge hatte.
Gleichfalls viel zu reden, wenn auch aus anderen Gründen, gab die nächste Ju-52-Filmproduktion, die 1978 gedrehte deutsche Fernsehserie «Die himmlischen Töchter». Anlaß dazu war in erster Linie die Hauptdarstellerin dieser Nonsens-Sendung, die buchstäblich bemerkenswerte Ingrid Steeger. Dem Leser sei empfohlen, sich das Bild auf Seite 95 genau anzuschauen; er wird sich der Meinung anschließen, daß dies in der Tat ein aufsehenerregender Ju-52-Einsatz war!
Zum wohl endgültig letztenmal kam die Ju-52 der Schweizer Flugwaffe im Jahre 1981 zu Fernseh-Ehren. Die große amerikanische Fernsehkette ABC drehte in München eine Serie mit dem Titel «Inside the Third Reich» («Im Kern des Dritten Reiches») und mietete die A-702. Diesmal wurde die altgediente Diva zu einem «Lufthansa-Flugzeug» umfunktioniert, mit dem, neben anderen Größen, auch Adolf Hitler reist.
Filme, Flugmeetings oder auch ganz gewöhnliche Dienstflüge – wo immer die alte Ju-52 zu sehen war, weckte sie Sympathie. Das skurrile dreimotorige Transportflugzeug ist vermutlich das meistfotografierte schweizerische Militärflugzeug und mit Sicherheit eines der bekanntesten: Keine Reportage über Helvetiens Luftwaffe (auch nicht in ausländischen Fachzeitschriften), in der nicht von dem liebevollen Anachronismus die Rede gewesen wäre.
Mit dem zivilen Einsatz eines Teils der schweizerischen Ju-52-Flotte kann dieses aviatische Fossil noch einige Zeit in die Zukunft hinübergerettet werden. Zum Glück für all jene, welche so die Gelegenheit erhalten werden, ein wirklich wichtiges Stück Luftfahrtgeschichte persönlich kennenzulernen.

Oben: Anläßlich eines Flugtages in der Schweiz entstand dieses Bild; die Ju-52 wird von Schulflugzeugen der Schweizerischen Luftverkehrsschule eskortiert. – Unten: Die für den Film «Agenten sterben einsam» umbemalte Ju-52 wartet in Samedan auf ihren nächsten Einsatz.

A-701

9
CN
4V

Flieg weiter, Ju-52! – Ein Nachwort vom Präsidenten der Flugbetriebs-Kommission Ju-52

Im Titel dieses Buches liegt der brennende Wunsch vieler, die «alten Tanten» nach ihrer militärischen Ausmusterung für die Durchführung von Nostalgieflügen zu erhalten.
Der Ruf ist nicht ungehört geblieben. Eine kleine Gruppe von Fachleuten hat die zahlreichen technischen, betrieblichen, rechtlichen und finanziellen Fragen abgeklärt, und der *Verein der Freunde des Museums der Schweizerischen Fliegertruppen* hat die Trägerschaft übernommen. Eine weitere erfreuliche Meldung: Die für einen geregelten Flugbetrieb nötigen Piloten sowie das Betriebspersonal stellen sich freiwillig und unentgeltlich in den Dienst der Ju-52.
Und so soll es weitergehen: Von den drei Ju-52 werden vorläufig deren zwei an die für den zivilen Luftverkehr geltenden Vorschriften angepaßt und bereitgestellt. Die dazu erforderlichen Mittel werden im Rahmen einer landesweiten Sammelaktion beschafft, zu der auch dieses Buch einen Beitrag leistet: Vom Verkaufspreis kommen Fr. 5.– der Ju-52-Rettungsaktion zugute. Dieses Geld – und alles übrige, das hoffentlich auch nach dem Start der Nostalgieflüge weiterfließen wird – ist nötig, um den Flugbetrieb auch auf längere Sicht aufrechterhalten zu können. Es sollen nämlich kleine Reserven angelegt werden, um allfäligen Reparaturen oder Revisionen gewachsen zu sein.
In diesem Sinne sind auch einzelne Geldspenden (mit dem Vermerk «Rettungsaktion Ju-52» an die Zürcher Kantonalbank, Filiale Dübendorf, Postcheckkonto 80-5172) weiterhin hoch willkommen. Beiträge von Privatpersonen ab Fr. 100.– und von Firmen ab Fr. 500.– werden mit einer repräsentativen Spenderurkunde verdankt.
Dank der Hilfe all der kleinen und großen Spender wird es möglich sein, noch viele Jahre mit der Ju-52 zu fliegen – auch für Sie! Bei gutem Flugwetter werden an Samstagen vom Militärflugplatz Dübendorf aus Rundflüge durchgeführt. Damit wirklich jedermann mitfliegen kann, sind die Preise bewußt tief angesetzt; sie liegen bei der Veröffentlichung dieses Buches bei Fr. 100.– für einen etwa 45minütigen Rundflug. Vereine, Gesellschaften, Firmen, aber auch Private können die Ju-52 nach vorheriger Absprache auch unter der Woche chartern. Auskünfte jeder Art erteilt Telefon 01/823 20 05.
Flieg weiter, Ju-52! Auch Ihnen, liebe Leser, wünsche ich heute schon einen unvergeßlichen, genußreichen Flug!

Der Präsident der Flugbetriebs-Kommission:
Christian Gerber

Quellenhinweise

Die in diesem Buch publizierten Bilder stammen aus folgenden Quellen:

Amsler Gottlieb
«Bild+News»
Bundesamt für Militärflugplätze
Bundesarchiv
Dubler Hansruedi
Frank Richard
Frey Kurt
Hirschburger Max
Ledergerber Thomas
Lufthansa
Mayr Josef
Nigg Alois
Oberholzer Robert
Photopress
Ringier-Dokumentationszentrum
Schraner Franz
«Soldat und Technik»

Zahlreiche weitere Personen haben mit Informationen zum Gelingen des Buches beigetragen. Besonderer Dank gebührt Herrn Alois Nigg für die kritische Durchsicht des Manuskripts.

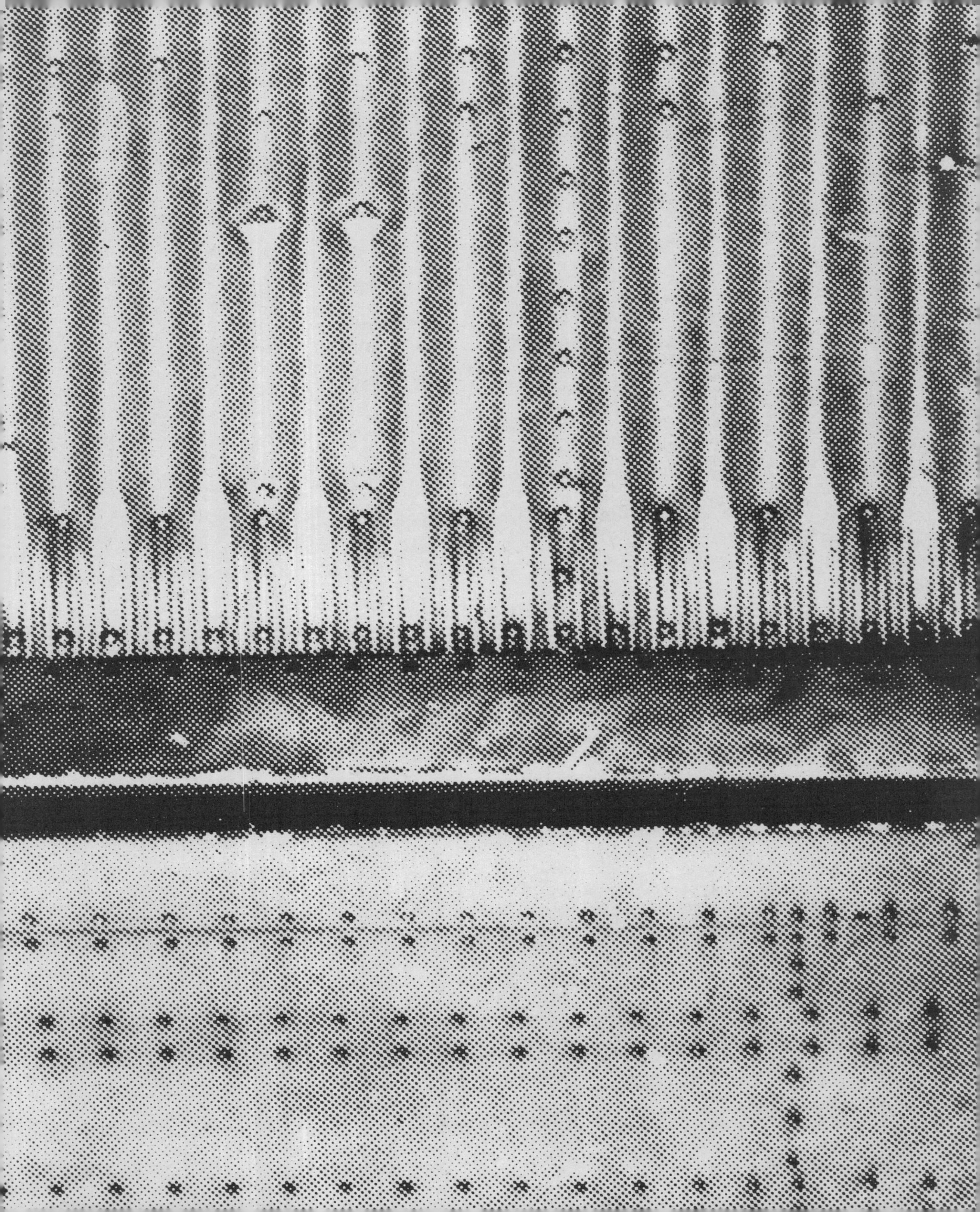